3D 住宅解构图鉴

［日］X-Knowledge 出版社　编

王维　李野　译

江苏凤凰科学技术出版社

目录

第三章　浴室

第四章　玄关

第五章　阳台和露台

第六章　屋顶、雨篷、屋檐吊顶

第七章　建筑的形状

建筑师名录

本书中所有图中未标注的尺寸以毫米（mm）计。
本书图内 GL 表示地表高，FL 表示楼面标高。

第一章

各房间及门窗

如何设计开放通透的大开口？

A-1 加大横梁的高度，不设柱子

　　无目的地拓宽门窗的开口，并不是一个好的建筑标准，只有在综合考虑景观、采光、通风和便于出入的因素之后，才会知道开口的具体尺寸、形状、位置和做法。下图住宅中LDK[1]的地面铺设了陶瓷砖，当其与南边的花园连通时，可以穿着室外用的鞋子进进出出，比较便利。鉴于此，LDK设置了6 m宽的大开窗，在窗口上面悬挑出900 mm的屋檐，防止木质建筑被雨水打湿。此外，将屋檐梁的高度增加到360 mm，提高其承载强度，以便在有限的开窗范围内去掉妨碍视线的柱子。

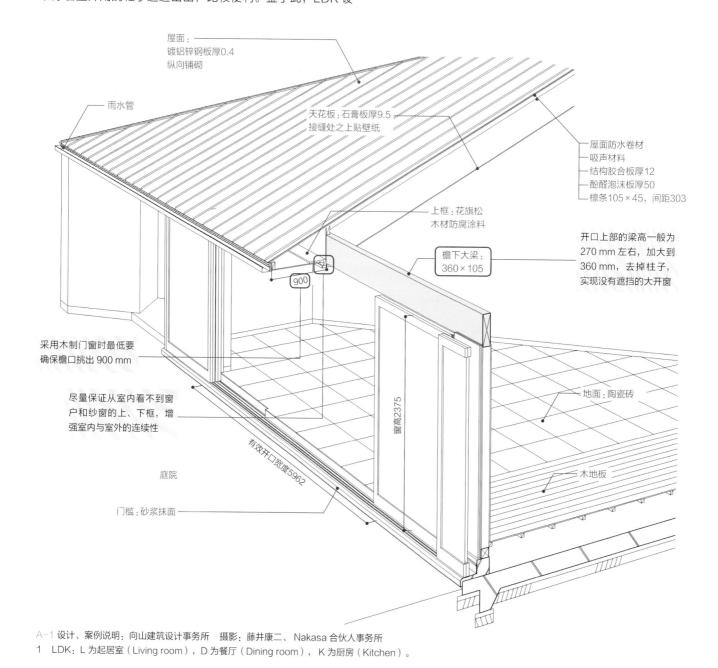

屋面：
镀铝锌钢板厚0.4
纵向铺砌

雨水管

天花板：石膏板厚9.5
接缝处之上贴壁纸

屋面防水卷材
吸声材料
结构胶合板厚12
酚醛泡沫板厚50
檩条105×45，间距303

上框：花旗松
木材防腐涂料

900

檐下大梁：
360×105

开口上部的梁高一般为270 mm左右，加大到360 mm，去掉柱子，实现没有遮挡的大开窗

采用木制门窗时最低要确保檐口挑出900 mm

尽量保证从室内看不到窗户和纱窗的上、下框，增强室内与室外的连续性

窗高2375

地面：陶瓷砖

木地板

庭院

有效开口宽度5962

门槛：砂浆抹面

A-1 设计、案例说明：向山建筑设计事务所　摄影：藤井康二、Nakasa 合伙人事务所
1　LDK：L 为起居室（Living room），D 为餐厅（Dining room），K 为厨房（Kitchen）。

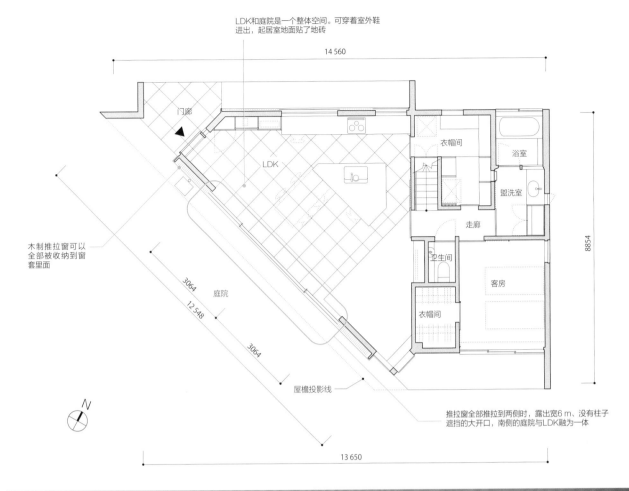

LDK和庭院是一个整体空间。可穿着室外鞋进出，起居室地面贴了地砖

14 560

门廊

衣帽间

浴室

LDK

盥洗室

走廊

8854

卫生间

客房

衣帽间

木制推拉窗可以全部被收纳到窗套里面

3064

庭院

12 548

3064

屋檐投影线

推拉窗全部推拉到两侧时，露出宽6 m、没有柱子遮挡的大开口，南侧的庭院与LDK融为一体

N

13 650

从 LDK 眺望庭院。推拉窗全部打开，眼前呈现与庭院融为一体的空间。

A-2 用大开窗连接餐厅和庭院

为了与前面的庭院相连，餐厅的地面标高比一层地面标高低约350 mm，窗户两侧的墙壁内侧，设置收纳窗户的窗套，将4扇玻璃门和2扇纱窗收纳其中。纵向窗框兼作窗套的盖子，消除窗套的存在感。

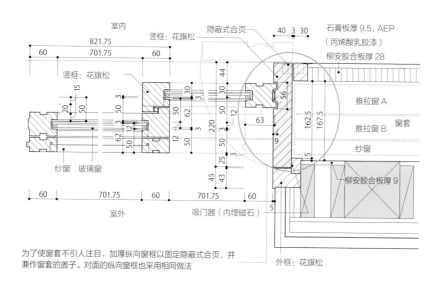

为了使窗套不引人注目，加厚纵向窗框以固定隐蔽式合页，并兼作窗套的盖子。对面的纵向窗框也采用相同做法。

推拉窗、窗套平面图

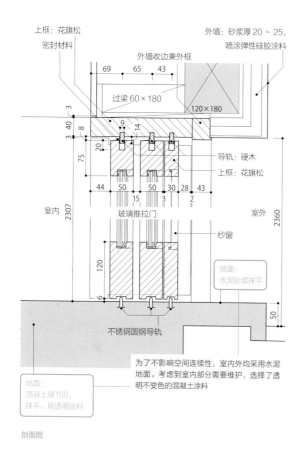

为了不影响空间连续性，室内外均采用水泥地面。考虑到室内部分需要维护，选择了透明不变色的混凝土涂料

剖面图

餐厅地面标高比1层降低很多。开口安装4扇玻璃拉门和2扇纱窗。

从庭院眺望餐厅。4扇玻璃拉门和2扇纱窗收在墙内窗套之中，从外面只能看到外墙上简洁的窗框。

A-2 设计、案例说明：KUS 一级建筑师事务所　摄影：浅川敏

A-3 用钢结构支撑 2 层起居室的大开窗

位于住宅密集地很难采光时，常把起居室设计在 2 层。这样可以通过采用大开窗和阳台结合的方式，建立室内外的联系，产生更开放的空间。本案例设计的大开窗采用成品铝合金窗框，钢结构阳台承重。

从 2 层起居室看阳台。2 层地板与阳台在同一水平面，门窗都打开后，室内外的整体感更强。

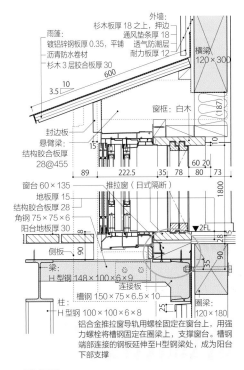

外墙：
杉木板厚 18 之上，押边
通风垫条厚 18
透气防潮层
耐力板厚 12

雨篷：
镀铝锌钢板厚 0.35，平铺
沥青防水卷材
杉木 3 层胶合板厚 30

横梁
120×300

窗框：白木

封边板
悬臂梁：
结构胶合板厚
28@455

窗台 60×135
地板厚 15
结构胶合板厚 28
角钢 75×5×6
阳台地板厚 30
侧板

推拉窗（日式隔断）

▼2FL

梁：
H 型钢 148×100×6×9
连接板
柱：
H 型钢 100×100×6×8
槽钢 150×75×6.5×10

圈梁：
120×180

铝合金推拉窗导轨用螺栓固定在窗台上，用强力螺栓将槽钢固定在圈梁上，支撑窗户。槽钢端部连接的钢板延伸至 H 型钢梁处，成为阳台下部支撑

阳台剖面图

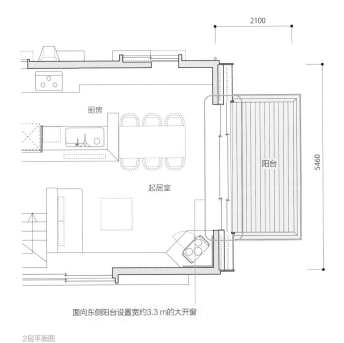

面向东侧阳台设置宽约3.3 m的大开窗

2层平面图

厨房

阳台

起居室

2100

5460

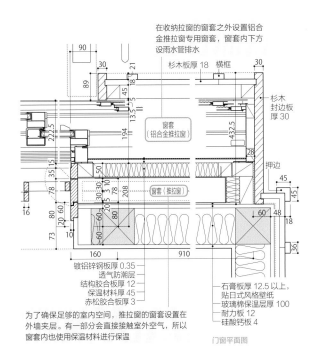

在收纳拉窗的窗套之外设置铝合金推拉窗专用窗套，窗套内下方设雨水管排水

杉木板厚 18　横框

杉木封边板厚 30

窗套
（铝合金推拉窗）

窗套（推拉窗）

押边

镀铝锌钢板厚 0.35
透气防潮层
结构胶合板厚 12
保温材料厚 45
赤松胶合板厚 3

石膏板厚 12.5 以上，贴日式风格壁纸
玻璃棉保温层厚 100
耐力板厚 12
硅酸钙板厚 4

为了确保足够的室内空间，推拉窗的窗套设置在外墙夹层。有一部分会直接接触室外空气，所以窗套内也使用保温材料进行保温

门窗平面图

A-3 设计、案例说明：田中敏溥建筑设计事务所　摄影：垂见孔士

如何设计简洁的转角门窗？

A-1 将门窗设置在柱子的外侧

所有推拉窗均推入墙内收纳，开放转角部分，使室内空间与庭院融为一体，产生半室外空间。处理这样的转角窗时需要注意的是，门窗打开之后余下的形状。如果柱子作为窗框处理的话，柱子断面就会变得很粗，墙壁形状变得凹凸起伏，所以转角柱的外侧需要设置过梁。处理窗与窗之间的节点时，需要注意用节点材料处理，以提高窗户的气密性。

窗上框做法 剖面图

窗下框做法 剖面图

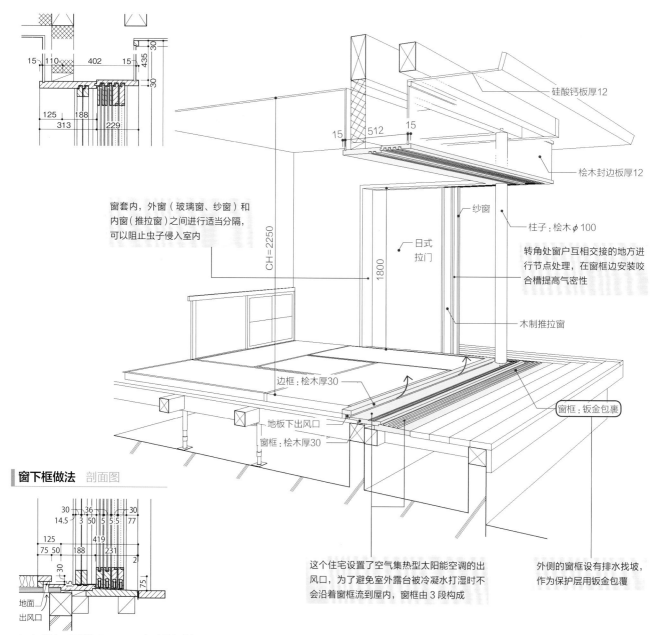

窗套内，外窗（玻璃窗、纱窗）和内窗（推拉窗）之间进行适当分隔，可以阻止虫子侵入室内

硅酸钙板厚12

桧木封边板厚12

CH=2250

纱窗

柱子：桧木 φ100

日式拉门

转角处窗户互相交接的地方进行节点处理，在窗框边安装咬合槽提高气密性

1800

木制推拉窗

边框：桧木厚30

地板下出风口

窗框：桧木厚30

地面
出风口

窗框：钣金包裹

这个住宅设置了空气集热型太阳能空调的出风口，为了避免室外露台被冷凝水打湿时不会沿着窗框流到屋内，窗框由3段构成

外侧的窗框设有排水找坡，作为保护层用钣金包覆

A-1 设计、案例说明：KUS 一级建筑师事务所 摄影：村田淳建筑研究室

转角处露出圆柱 转角处平面图

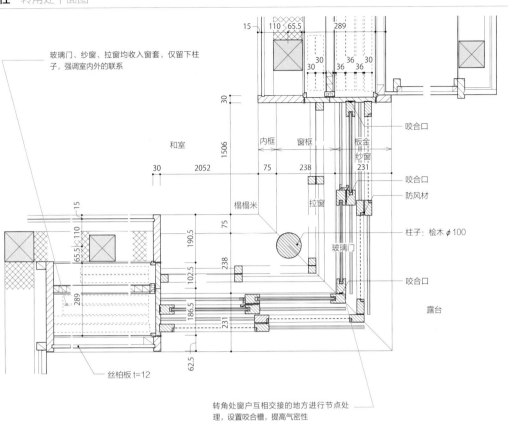

玻璃门、纱窗、拉窗均收入窗套，仅留下柱子，强调室内外的联系

和室

咬合口

内框　窗框　板金

纱窗

咬合口

防风材

榻榻米

拉窗

柱子：桧木 φ100

玻璃门

咬合口

露台

丝柏板 t=12

转角处窗户互相交接的地方进行节点处理，设置咬合槽，提高气密性

L 形布局的庭院 平面图

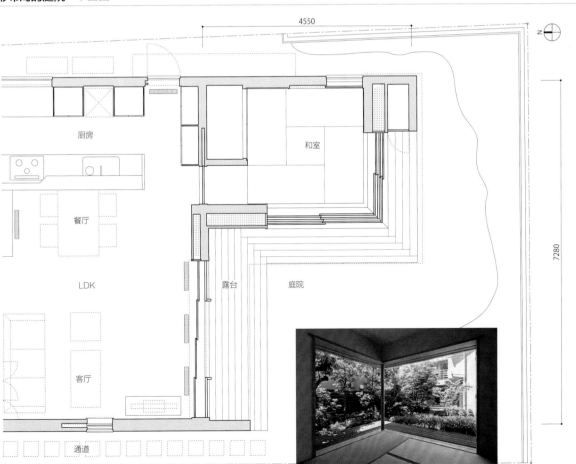

厨房

和室

餐厅

LDK

露台

庭院

客厅

通道

起居室、客厅、厨房和室都可以观赏庭院的景色。
和室的门窗都敞开时，只能看到转角处的柱子。

A-2 将固定窗与推拉窗组合搭配

面向庭院的客厅开窗的转角部分是固定窗,其他部分是推拉窗,两者形成一个整体。日式隔扇在墙角柱子的内侧相互搭接,关上隔扇则看不到柱子,室内更简洁。

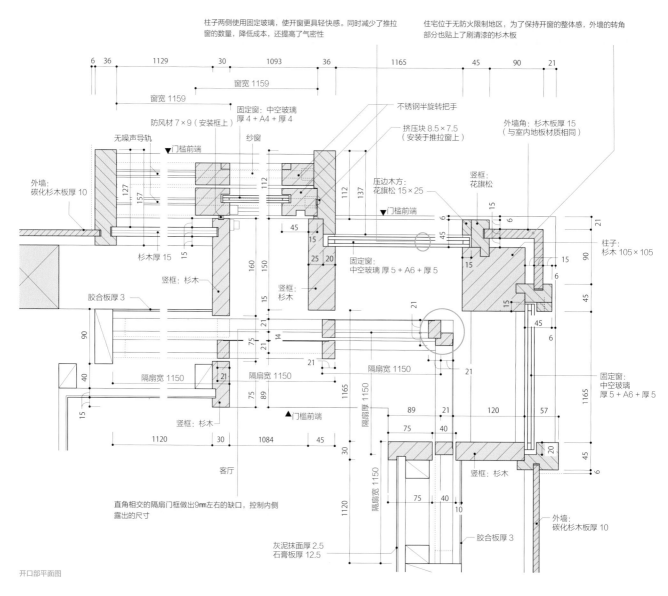

柱子两侧使用固定玻璃,使开窗更具轻快感。同时减少了推拉窗的数量,降低成本,还提高了气密性

住宅位于无防火限制地区,为了保持开窗的整体感,外墙的转角部分也贴上了刷清漆的杉木板

不锈钢半旋转把手

外墙角:杉木板厚 15（与室内地板材质相同）

挤压块 8.5×7.5（安装于推拉窗上）

固定窗:中空玻璃 厚 4 + A4 + 厚 4

防风材 7×9（安装框上）

无噪声导轨

纱窗

▼门槛前端

外墙:碳化杉木板厚 10

竖框:花旗松

压边木方:花旗松 15×25

▼门槛前端

柱子:杉木 105×105

杉木厚 15

固定窗:中空玻璃 厚 5 + A6 + 厚 5

竖框:杉木

竖框:杉木

胶合板厚 3

隔扇宽 1150

隔扇宽 1150

隔扇宽 1150

固定窗:中空玻璃 厚 5 + A6 + 厚 5

竖框:杉木

▲门槛前端

客厅

竖框:杉木

外墙:碳化杉木板厚 10

直角相交的隔扇门框做出9mm左右的缺口,控制内侧露出的尺寸

灰泥抹面厚 2.5
石膏板厚 12.5

胶合板厚 3

开口部平面图

拉窗关闭时的状态。不仅改变印象,也提高了整体感。

A-2 设计、案例说明、摄影:丸山弹建筑设计事务所

推拉窗和封闭部下面窗框的高度各不相同,因此在中央设置竖向框架进行边界区分。

A-3 用钢结构的柱使转角更简洁

　　受建筑用地形状影响，建造成五角形平面的木结构住宅。在面向前方道路的南侧转角部分，设置直径60.5 mm的细钢柱，减少多余的线条。横向窗户把细长的缝隙连接起来，使空间给人轻松的印象。

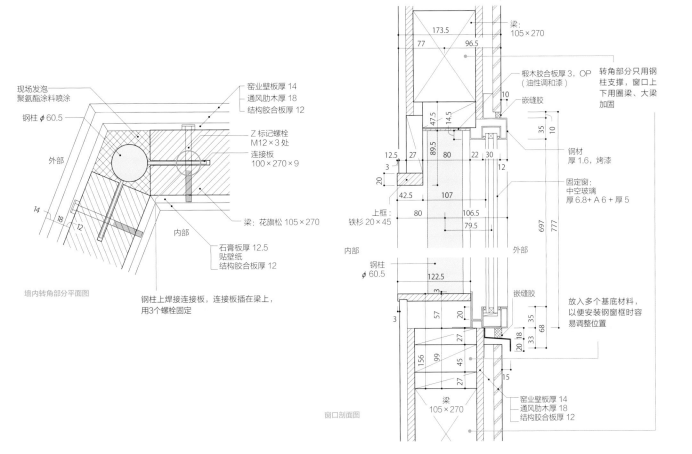

现场发泡
聚氨酯涂料喷涂

钢柱 φ60.5

外部

窑业壁板厚14
通风肋木厚18
结构胶合板厚12

Z标记螺栓
M12×3处

连接板
100×270×9

梁：花旗松105×270

内部

石膏板厚12.5
贴壁纸
结构胶合板厚12

钢柱上焊接连接板，连接板插在梁上，用3个螺栓固定

墙内转角部分平面图

梁：
105×270

椴木胶合板厚3, OP
（油性调和漆）

嵌缝胶

转角部分只用钢柱支撑，窗口上下用圈梁、大梁加固

钢材
厚1.6，烤漆

固定窗：
中空玻璃
厚6.8+A6+厚5

上框：
铁杉20×45

内部　　外部

钢柱
φ60.5

嵌缝胶

放入多个基底材料，以便安装钢窗框时容易调整位置

窑业壁板厚14
通风肋木厚18
结构胶合板厚12

梁
105×270

窗口剖面图

转角柱使用直径60 mm的钢柱，减少转角处多余的线条，固定窗呈L形。

A-3 设计、案例说明：仲亀清进建筑事务所　摄影：鸟村钢一

如何隐藏开口部的外框？

A-1 降低门槛，隐藏下部窗框

隐藏建筑物的框架，内部和外部会产生连续的感觉，视野更开阔，更便于欣赏外部风景。

该住宅的餐厅、和室、卧室等不同用途的房间，围绕着内院进行布局，面向内院的这3个空间分别设置了木制的拉门，并把它们连在一起形成"コ"形开口。

木制拉门可以全部敞开，其门槛从外部安装在接近基础下边的位置，这样从室内几乎看不到窗框，使室内空间离内院地坪更近，整体感增强，内部空间也获得更开敞的空间效果。

在外部安装木制门窗时，无论窗台是否很低，均需要设置挑出雨篷防雨。不能做防雨处理的门窗，只可用于日照、通风良好，比较干燥的场所

中空玻璃推拉窗下面的窗框，一般从地板算起100～150 mm的高度，即使配合其高度将庭院的地面标高稍微提高，也不会产生从内部到外部的连续感。因此，从外部安装了降低高度的门槛

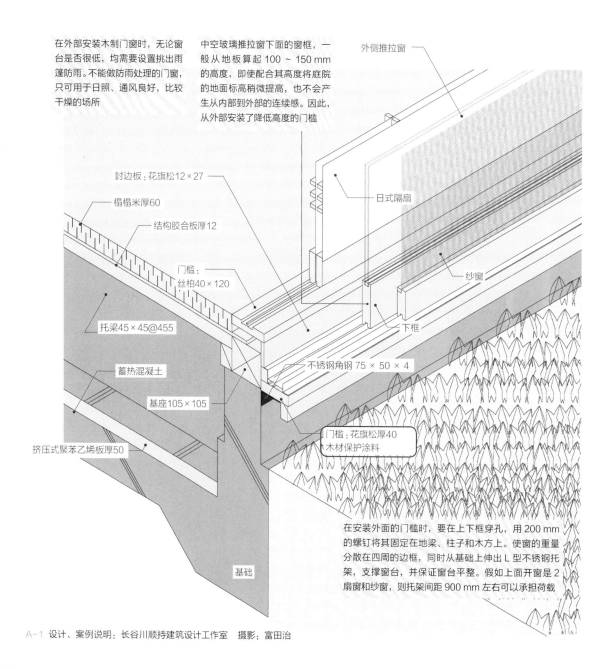

封边板：花旗松12×27

榻榻米厚60

结构胶合板厚12

门槛：丝柏40×120

托梁45×45@455

蓄热混凝土

基座105×105

挤压式聚苯乙烯板厚50

基础

外侧推拉窗

日式隔扇

纱窗

下框

不锈钢角钢 75 × 50 × 4

门槛：花旗松厚40
木材保护涂料

在安装外面的门槛时，要在上下框穿孔，用200 mm的螺钉将其固定在地梁、柱子和木方上。使窗的重量分散在四周的窗框，同时从基础上伸出L型不锈钢托架，支撑窗台，并保证窗台平整。假如上面开窗是2扇窗和纱窗，则托架间距900 mm左右可以承担荷载

A-1 设计、案例说明：长谷川顺持建筑设计工作室　摄影：富田治

围绕内院布局，提高内外连续性 平面图

餐厅

装饰柱
120×120

装饰柱
120×120

装饰柱
120×120

装饰柱
120×120

装饰柱
120×120

和室

装饰柱
120×120

装饰柱
120×120

装饰柱
120×120

装饰柱
120×120

装饰柱
120×120

地炉

卧室

内院
FL200

装饰柱
120×120

2730

从和室看庭院。3个用途不同的房间围绕中庭布置，房间和中庭的交接处使用能够全部敞开的木制门窗。把木制拉门内的下框降低到基础的最下端固定，达到从室内看不到下框的效果，提高室内外连接的程度。

从餐厅看庭院。视线从室内到庭院都没有被遮挡，成为一个开放的空间。

A-2 用固定窗引入窗外景色

下图是将庭院里的景色引入室内、利于采光的固定窗（上）和便于通风的木制推拉窗（下）的组合实例。根据窗户的作用区分使用，可以将室内对视线的妨碍降到最小限度。

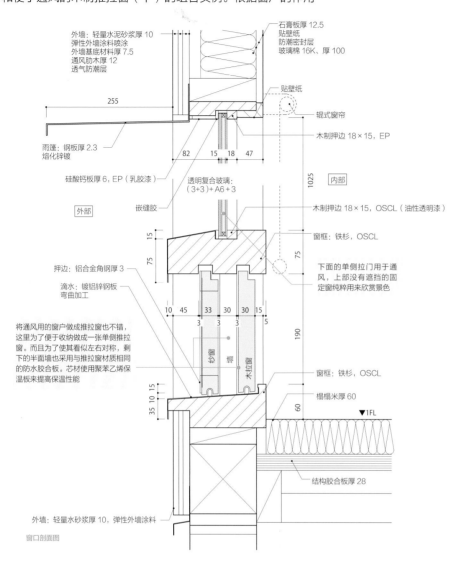

外墙：轻量水泥砂浆厚 10
弹性外墙涂料喷涂
外墙基底材料厚 7.5
通风肋木厚 12
透气防潮层

石膏板厚 12.5
贴壁纸
防潮密封层
玻璃棉 16K、厚 100

255

贴壁纸

辊式窗帘

雨篷：钢板厚 2.3
熔化锌镀

木制押边 18×15，EP

82　15　18　47

硅酸钙板厚 6，EP（乳胶漆）

透明复合玻璃：
（3+3）+A6+3

嵌缝胶

外部

内部

1025

木制押边 18×15，OSCL（油性透明漆）

窗框：铁杉，OSCL

押边：铝合金角钢厚 3

滴水：镀铝锌钢板
弯曲加工

15
75

75

下面的单侧拉门用于通风，上部没有遮挡的固定窗纯粹用来欣赏景色

将通风用的窗户做成推拉窗也不错，这里为了便于收纳做成一张单侧推拉窗。而且为了使其看似左右对称，剩下的半面墙也采用与推拉窗材质相同的防水胶合板。芯材使用聚苯乙烯保温板来提高保温性能

10　45　33　30　30　15
3　　3　3　　5

纱窗

木拉窗

190

窗框：铁杉，OSCL

35　10　15

榻榻米厚 60

60

▼1FL

结构胶合板厚 28

外墙：轻量水砂浆厚 10，弹性外墙涂料

窗口剖面图

窗户的位置和高度是根据坐在榻榻米上的状态而设定的。

A-2 设计、案例说明：北川裕记建筑设计　摄影：平井广行

A-3 采用成品窗框打造风景画一样的窗口

下图是采用成品铝合金推拉窗打造风景窗的例子。为了在关闭窗户时定格窗外风景，采用隐藏四周窗框的做法。

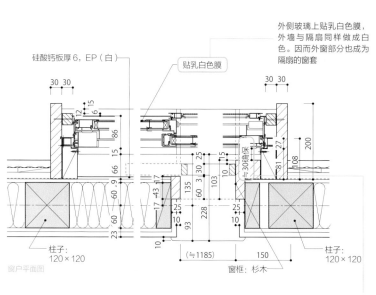

硅酸钙板厚6，EP（白）

贴乳白色膜

外侧玻璃上贴乳白色膜，外墙与隔扇同样做成白色。因而外窗部分也成为隔扇的窗套

柱子：120×120

窗框：杉木

柱子：120×120

窗户平面图

为了便于给窗上锁、开锁，选择在前面的窗框上安装挂在锁上的扣手

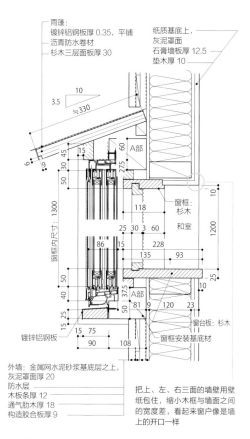

雨篷：
镀锌铝钢板厚0.35，平铺
沥青防水卷材
杉木三层面板厚30

纸质基底上，
灰泥罩面
石膏墙板厚12.5
垫木厚10

窗框：杉木
和室

窗框内尺寸：1300

A部

镀锌铝钢板

窗台板：杉木

窗框安装基底材

外墙：金属网水泥砂浆基底层之上，
灰泥罩面厚20
防水层
木板条厚12
通气肋木厚18
构造胶合板厚9

把上、左、右三面的墙壁用壁纸包住，缩小木框与墙面之间的宽度差，看起来窗户像是墙上的开口一样

窗户平面图

铝合金窗框的框架完全消失了，无论是将窗户打开还是将窗户关上，看到的只有外部的风景。

A-3 设计、案例说明、摄影：田中敏溥建筑设计事务所

如何使飘窗显得更简洁？

A-1 将下框做成飘窗的窗台

飘窗是延伸内部空间的一种方式。在狭窄的城市空间里，这是一个特别有效的方法。设计的重点是确定窗框的大小和基底的加固方法。

在下面的住宅中，窗的上、左、右三面框架与墙面的差距控制到 6 mm，并与墙面涂成相同的颜色，窗框周围看起来非常简洁清爽。

窗台板的杉木前端削成了锥形，与家具一样做圆角处理。窗台可以作为长椅供人闲座，或者摆放装饰品。窗台下部墙体每间隔 300 mm 加小柱以增加强度。

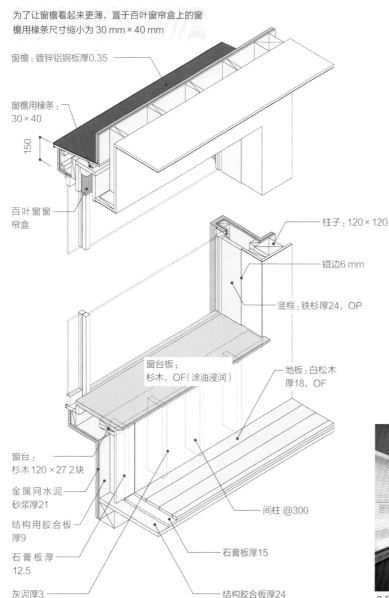

为了让窗檐看起来更薄，置于百叶窗帘盒上的窗檐用椽条尺寸缩小为 30 mm × 40 mm。

窗檐：镀锌铝钢板厚0.35

窗檐用椽条：30 × 40

150

百叶窗窗帘盒

柱子：120 × 120

错边6 mm

竖框：铁杉厚24，OP

窗台板：杉木，OF（涂油浸润）

地板：白松木厚18，OF

窗台：杉木 120 × 27 2块

金属网水泥砂浆厚21

结构用胶合板厚9

石膏板厚12.5

灰泥厚3

间柱 @300

石膏板厚15

结构胶合板厚24

飘窗 剖面图

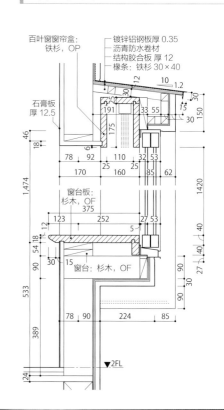

百叶窗窗帘盒：铁杉，OP
镀锌铝钢板厚 0.35
沥青防水卷材
结构胶合板 厚 12
椽条：铁杉 30 × 40

石膏板厚 12.5

窗台板：杉木，OF 375

窗台：杉木，OF

▼2FL

2 层起居室设置飘窗。窗口上、左、右三面刷白色涂料。窗台边缘削成锥形使其更加简洁。

A-1 设计、案例说明、摄影：丸山弹建筑设计事务所

在与跃层相呼应的飘窗上设置长椅　剖面图

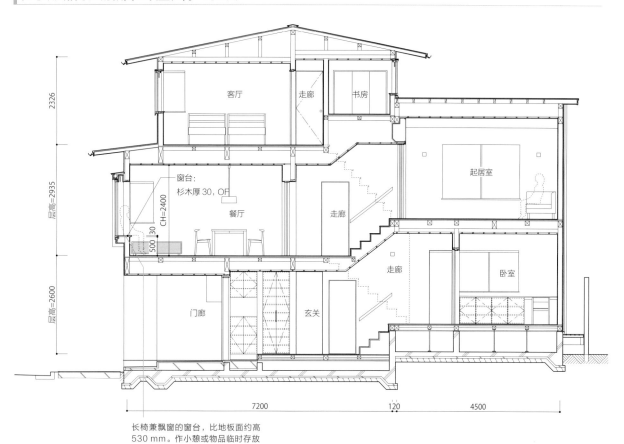

长椅兼飘窗的窗台，比地板面约高530 mm。作小憩或物品临时存放处，高度都比较适合

身兼两职的飘窗　2层平面图

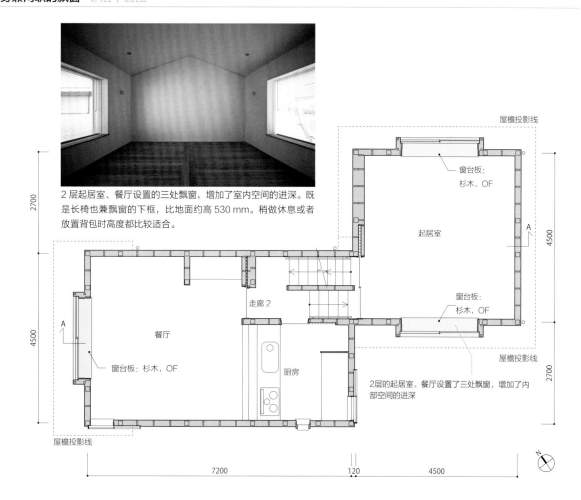

2层起居室、餐厅设置的三处飘窗，增加了室内空间的进深。既是长椅也兼飘窗的下框，比地面约高530 mm。稍做休息或者放置背包时高度都比较适合。

2层的起居室、餐厅设置了三处飘窗，增加了内部空间的进深

A-2 将暖气嵌在墙壁里

下图是防止冷桥、在窗台下设置暖气（辐射加热器）的例子。暖气上面采用设置飘窗，加厚外墙的方法，所以也可以安装嵌入式加热器。

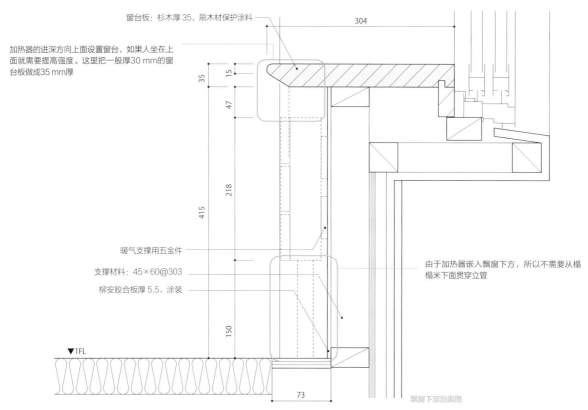

窗台板：杉木厚 35，刷木材保护涂料

加热器的进深方向上面设置窗台，如果人坐在上面就需要提高强度。这里把一般厚30 mm的窗台板做成35 mm厚

304

35
15
47
218
415
150

暖气支撑用五金件

支撑材料：45×60@303

柳安胶合板厚 5.5，涂装

由于加热器嵌入飘窗下方，所以不需要从榻榻米下面贯穿立管

▼1FL

73

飘窗下部剖面图

增厚外墙做成飘窗，暖气嵌入墙内，即使坐在窗台板上暖气也不会碍脚。

A-2 设计、案例说明、摄影：丸山弹建筑设计事务所

A-3 使用支架加固横长的飘窗

通常情况下飘窗靠两端突出的短墙来承重，横向扁长的飘窗的两端距离较长，为了支撑窗户的重量需要进行加固。

下图案例是宽 5 m 以上的横向扁长形飘窗，在其基底安装 L 形支架以支撑木窗的重量。根据木窗与外墙的关系决定飘窗悬挑出的尺寸。

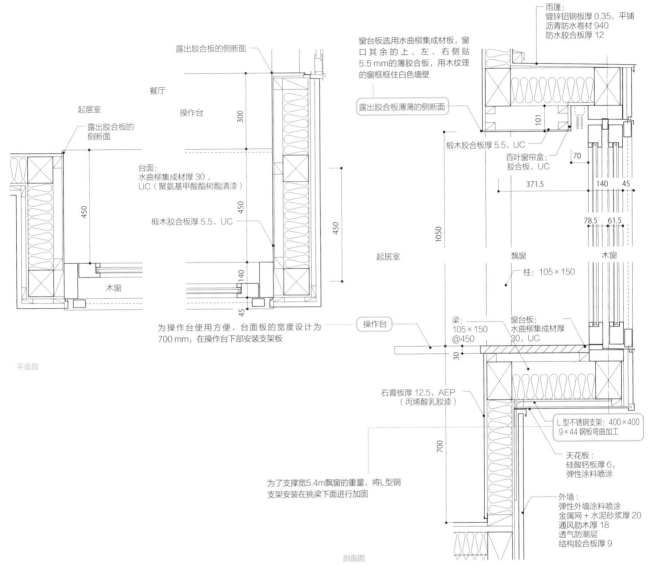

露出胶合板的侧断面

餐厅

起居室

操作台

露出胶合板的侧断面

300

台面：
水曲柳集成材厚 30 ，
UC（聚氨基甲酸酯树酯清漆）

椴木胶合板厚 5.5，UC

450

450

450

木窗

140

45

为操作台使用方便，台面板的宽度设计为 700 mm，在操作台下部安装支架板

平面图

雨篷：
镀锌铝钢板厚 0.35，平铺
沥青防水卷材 940
防水胶合板 12

窗台板选用水曲柳集成材板，窗口其余的上、左、右侧贴 5.5 mm 的薄胶合板，用木纹理的窗框框住白色墙壁

露出胶合板薄薄的侧断面

椴木胶合板厚 5.5，UC

百叶窗帘盒：
胶合板，UC

101

70

371.5

140

45

1050

78.5

61.5

起居室

飘窗

木窗

柱：105×150

梁：
105×150
@450

窗台板：
水曲柳集成材厚
30，UC

操作台

30

石膏板厚 12.5，AEP
（丙烯酸乳胶漆）

L 型不锈钢支架：400×400
9×44 钢板弯曲加工

700

天花板：
硅酸钙板厚 6，
弹性涂料喷涂

外墙：
弹性外墙涂料喷涂
金属网＋水泥砂浆厚 20
通风肋木厚 18
透气防潮层
结构胶合板厚 9

为了支撑宽5.4m飘窗的重量，将L型钢支架安装在挑梁下面进行加固

剖面图

左：内部露出柱子的长飘窗起到将起居室和餐厅连为整体的作用。

右：8 个 L 型钢支架用螺栓固定，支撑飘窗

A-3 设计、案例说明、摄影：水石浩太建筑设计室

如何在没有隔墙的情况下设置推拉门窗？

A-1 将推拉窗的上窗框嵌入天花板

考虑到家庭成员构成和生活方式变化等，儿童房不设固定隔墙，而是设置可动式隔断来应对变化。

下图住宅中的一间儿童房用4扇木制拉门进行分隔，供两个孩子使用。为了让有限的空间显得尽可能的宽敞，房间没有设置隔墙，拉门上面的滑槽嵌入天棚，下面的木轨道嵌入地板，拉门打开的时候滑槽和轨道都不显眼。

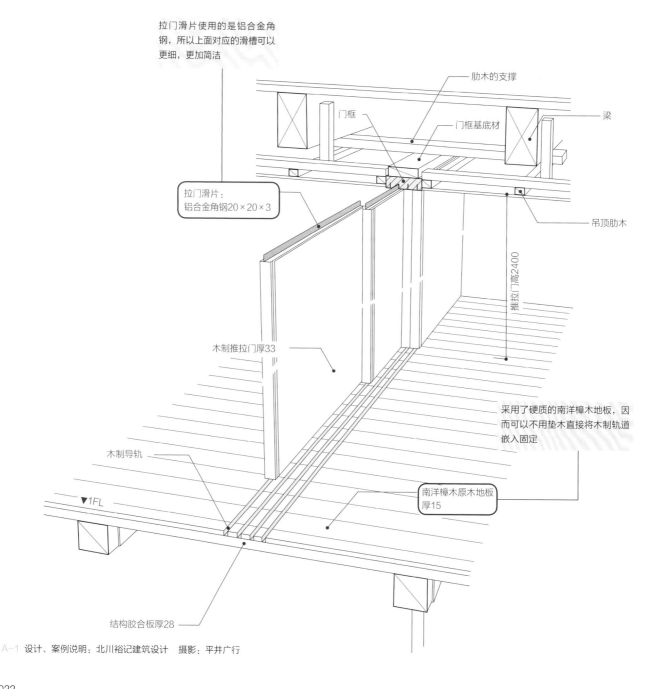

拉门滑片使用的是铝合金角钢，所以上面对应的滑槽可以更细，更加简洁

肋木的支撑

门框

门框基底材

梁

拉门滑片：
铝合金角钢20×20×3

吊顶肋木

推拉门高2400

木制推拉门厚33

采用了硬质的南洋樟木地板，因而可以不用垫木直接将木制轨道嵌入固定

木制导轨

南洋樟木原木地板
厚15

▼1FL

结构胶合板厚28

A-1 设计、案例说明：北川裕记建筑设计 摄影：平井广行

可变型儿童房　1层、2层平面图

2层

房间不设隔墙只用拉门来分隔，是一种可变型的方案

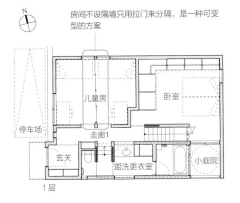

N

1层

儿童房

卧室

停车场

走廊1

玄关

盥洗更衣室

小庭院

不显眼的拉门滑槽、滑轨　剖面图

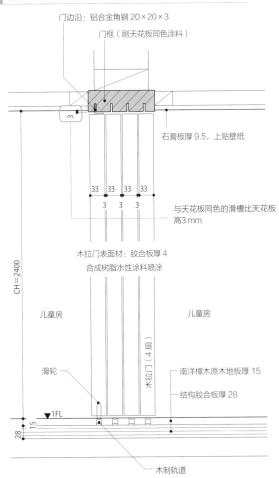

门边沿：铝合金角钢 20×20×3

门框（刷天花板同色涂料）

石膏板厚 9.5，上贴壁纸

33　33　33　33

3　3　3

与天花板同色的滑槽比天花板高3 mm

木拉门表面材：胶合板厚 4
合成树脂水性涂料喷涂

儿童房　　　　　　　儿童房

滑轮

南洋樟木原木地板厚 15

结构胶合板厚 28

CH＝2400

木拉门（4 扇）

▽1FL

木制轨道

儿童房不设隔墙而用推拉门作为隔断，孩子长大独立后可以取下拉门，作为一个大房间使用。

A-2 露出上面的门框，拉门隐藏在墙里

此住宅将储物柜和用水设备集中，用墙壁围起该区域。为了突出该区域核心的象征性，房间不设隔墙，只留出推拉门上部门框，隔断其他空间的拉门全部收到核心区域。没有任何东西遮挡以能观察到孩子的活动。此外，还准备了将来设置玻璃隔断的对应办法。

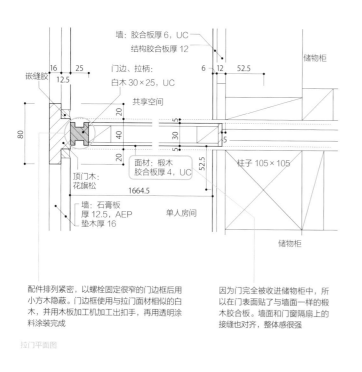

墙：胶合板厚6，UC
结构胶合板厚12
门边、拉柄：白木30×25，UC
共享空间
面材：椴木胶合板厚4，UC
柱子105×105
储物柜
顶板木：花旗松
墙：石膏板厚12.5，AEP
垫木厚16
单人房间
储物柜
嵌缝胶
80　16　25　12.5　6　12　52.5
20　40　5　30　5　20　52.5
1664.5

配件排列紧密，以螺栓固定很窄的门边框后用小方木隐藏。门边框使用与拉门面材相似的白木，并用木板加工机加工出扣手，再用透明涂料涂装完成

拉门平面图

因为门完全被收进储物柜中，所以在门表面贴了与墙面一样的椴木胶合板。墙面和门窗隔扇上的接缝也对齐，整体感很强

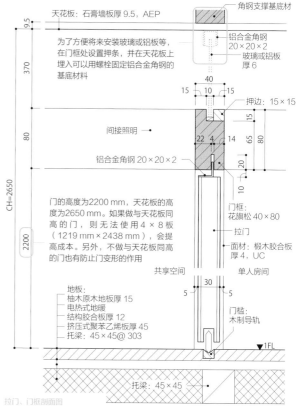

天花板：石膏墙板厚9.5，AEP
角钢支撑基底材
铝合金角钢20×20×2
玻璃或铝板厚6
为了方便将来安装玻璃或铝板等，在门框处设置押条，并在天花板上埋入可以用螺栓固定铝合金角钢的基底材料
押边：15×15
间接照明
铝合金角钢20×20×2
门框：花旗松40×80
拉门
面材：椴木胶合板厚4，UC
门的高度为2200 mm，天花板的高度为2650 mm。如果做与天花板同高的门，则无法使用4×8板（1219 mm×2438 mm），会提高成本。另外，不做与天花板同高的门也有防止门变形的作用
共享空间
单人房间
地板：柚木原木地板厚15
电热式地暖
结构胶合板厚12
挤压式聚苯乙烯板厚45
托梁：45×45@303
门槛：木制导轨
托梁：45×45
▼1FL
9.5　370　80　CH=2650　2200
40　15　10　15　22　4　14　65　80　15　20　10　30　5　5

拉门、门框剖面图

在核心储物区的上方安装间接照明，并对应其高度安装门框。拉门收入储物柜之中时，与储物柜成为一个整体。

A-2 设计、案例说明：TKO-M.architects 冈村裕次　摄影：多田优子

A-3 用格栅和玻璃做隔断，创建半通透的房间

下图是咖啡厅兼两代人的住宅，在店铺一角设置了一个小隔间。隔间对面是咖啡桌座位。为了避免店家照顾不到，隔间不做完全封闭处理，前设宽 1400 mm 左右的木制格栅和玻璃隔断进行分区。推拉门采用两面贴着和纸的拉门（开口宽 800 mm），即使关上它，从格栅缝隙也可以隐约看到房间里面的情况。

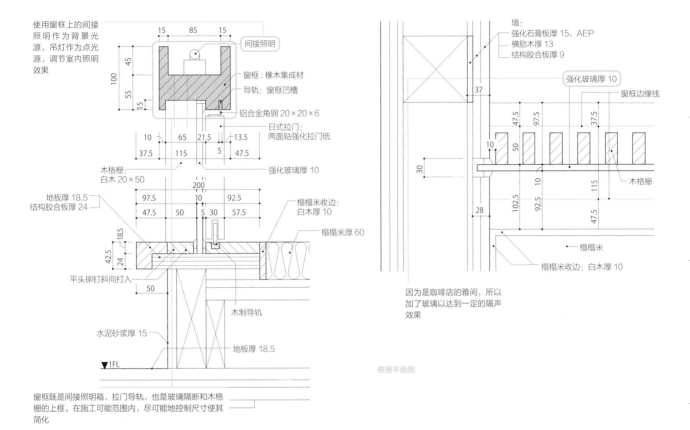

使用窗框上的间接照明作为背景光源，吊灯作为点光源，调节室内照明效果

间接照明
窗框：橡木集成材
导轨：窗框凹槽
铝合金角钢 20×20×6
日式拉门：两面贴强化拉门纸
强化玻璃厚 10

木格栅：白木 20×50
地板厚 18.5
结构胶合板厚 24
榻榻米收边：白木厚 10
榻榻米厚 60
平头铆钉斜向打入
木制导轨
水泥砂浆厚 15
地板厚 18.5
▼1FL

窗框既是间接照明箱、拉门导轨，也是玻璃隔断和木格栅的上框。在施工可能范围内，尽可能地控制尺寸使其简化

剖面图

墙：
强化石膏板厚 15，AEP
横肋木厚 13
结构胶合板厚 9
强化玻璃厚 10
窗框边缘线
木格栅

榻榻米
榻榻米收边：白木厚 10

因为是咖啡店的雅间，所以加了玻璃以达到一定的隔声效果

格栅平面图

房间净高 2800 mm，如果将拉门和墙壁延伸到天花板会给人过于封闭的感觉，这里做成高 1800 mm 的半隔断，营造富有日式情调的空间氛围。

A-3 设计、案例说明：TKO-M.architects 冈村裕次 摄影：谷川宽

如何让推拉窗的窗套不引人注目？

A-1 将窗套与收纳作为整体

平时将两个空间合起来作为一个大房间利用，只有来客时用推拉门隔出客厅。这种情况要将推拉门收到门套里，尽量不引人注目。下图住宅将客厅（和室）和起居室连在一起使用，门套和收纳使用相同面材，以削弱其存在感。此外，拉门的导轨宽度还与天花板、地板的接缝宽度相对应。拉门收入门套时，突出起居室和客厅的整体感。

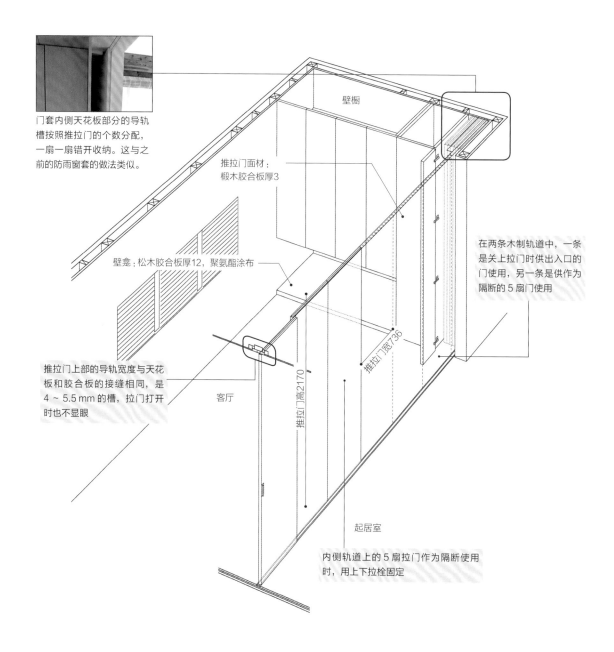

门套内侧天花板部分的导轨槽按照推拉门的个数分配，一扇一扇错开收纳。这与之前的防雨窗套的做法类似。

壁橱

推拉门面材：椴木胶合板厚3

壁龛：松木胶合板厚12，聚氨酯涂布

在两条木制轨道中，一条是关上拉门时供出入口的门使用，另一条是供作为隔断的 5 扇门使用

推拉门上部的导轨宽度与天花板和胶合板的接缝相同，是 4 ~ 5.5 mm 的槽，拉门打开时也不显眼

客厅

推拉门宽736

推拉门高2170

起居室

内侧轨道上的 5 扇拉门作为隔断使用时，用上下拉栓固定

A-1 设计、案例说明：中村高淑建筑设计事务所　摄影：GEN INOUE

用推拉门做隔断墙 2层平面图

将推拉门关上则分隔空间，全部打开则成为一个整体空间

5扇门全部关闭时的状态。板门与板营造空间的整体感。

从起居室看和室。推拉门全部拉出形成相对独立的空间。左侧有拉手的拉门用于出入（上图）。平时将作为隔断用的推拉门收在门套里（下图）。

A-2 用装饰柱和亚克力板做成半透明的短墙

下图是主卧挨着2层LDK的设计。在交界处设置了3扇推拉门，以便在必要时分隔空间。由于空间有限，无法做出门套。此处制作了一个装饰柱和亚克力板的轻质短隔墙，当推拉门全收到短墙后面的时候，短墙和推拉门合为一体，基本注意不到推拉门的存在。

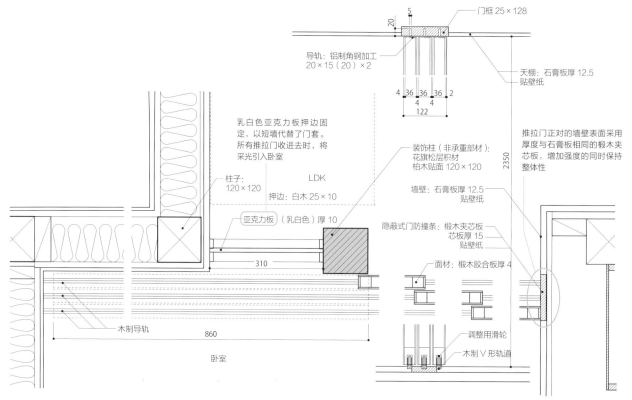

门框 25×128

导轨：铝制角钢加工 20×15（20）×2

4　36　36　36　2
4　　4
122

天棚：石膏板厚 12.5
贴壁纸

2350

乳白色亚克力板押边固定，以短墙代替了门套。所有推拉门收进去时，将采光引入卧室

装饰柱（非承重部材）：花旗松层积材 柏木贴面 120×120

推拉门正对的墙壁表面采用厚度与石膏板相同的椴木夹芯板，增加强度的同时保持整体性

柱子：120×120

LDK

押边：白木 25×10

墙壁：石膏板厚 12.5
贴壁纸

亚克力板（乳白色）厚 10

310

隐蔽式门防撞条：椴木夹芯板 芯板厚 15 贴壁纸

面材：椴木胶合板厚 4

木制导轨

860

卧室

调整用滑轮

木制 V 形轨道

推拉门平面、剖面详图

推拉门全部收入的状态。装饰柱与亚克力板的后面是收纳推拉门的空间。

A-2 设计、案例说明：中村高淑建筑设计事务所　摄影：K-est works

A-3 不使用导轨的外置型单侧拉门

由于承重墙的布局和空间限制，可能无法设置门套，这种情况可以将拉门做成简洁的外置型。

但是如果在竖墙的旁边设置拉门轨道，有时会太过显眼、影响美观。因此该住宅采用在墙上埋入铝合金角钢下面仅露出拉门的方法，免去在竖墙旁边设置导轨的问题。

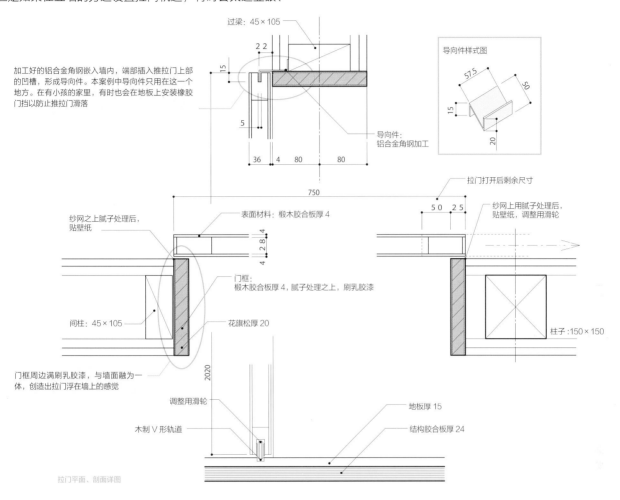

过梁：45×105

加工好的铝合金角钢嵌入墙内，端部插入推拉门上部的凹槽，形成导向件。本案例中导向件只用在这一个地方。在有小孩的家里，有时也会在地板上安装橡胶门挡以防止推拉门滑落

导向件样式图

导向件：铝合金角钢加工

拉门打开后剩余尺寸

纱网之上腻子处理后，贴壁纸

表面材料：椴木胶合板厚4

纱网上用腻子处理后，贴壁纸，调整用滑轮

门框：椴木胶合板厚4，腻子处理之上，刷乳胶漆

间柱：45×105

花旗松厚20

柱子：150×150

门框周边满刷乳胶漆，与墙面融为一体，创造出拉门浮在墙上的感觉

调整用滑轮

木制V形轨道

地板厚15

结构胶合板厚24

拉门平面、剖面详图

与图示做法相同的卧室。因为墙壁侧面上没有轨道，装修得非常简洁。

A-3 设计、案例说明：中村高淑建筑设计事务所　摄影：K-est works

如何将榻榻米与地板做成一个水平面？

A-1 二重托梁调整地坪的高差

调整 1 层地面托梁高度或者像右页 A-2 那样使用支撑柱进行调整，就可以使标准厚度的榻榻米（55 mm 或 60 mm）与地板的高度对齐。但如果是 2 层的地板，为了确保刚性楼板的强度，一般使用结构耐力板，并且要对齐梁的顶端。这种情况需要用垫层进行调整。

下图住宅是刚性楼板，因为设置了地暖，所以需要使用保温材料进行保温。在地板的下面，结构耐力板的上面设置二重托梁，调整与榻榻米处的高差。

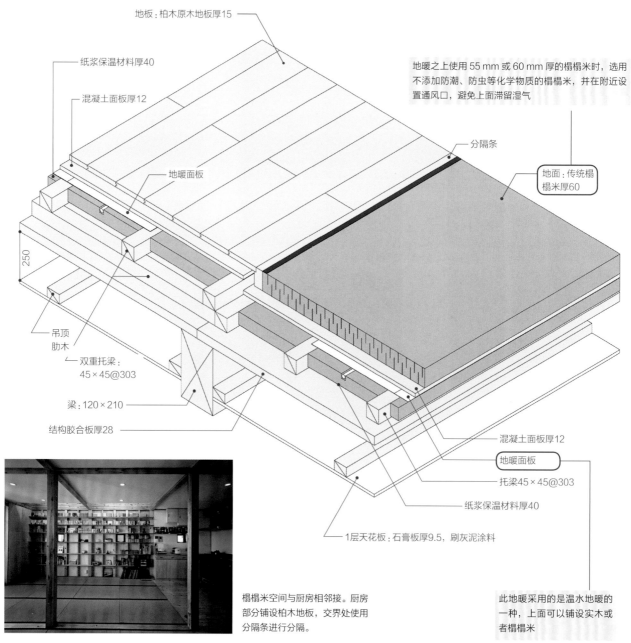

地板：柏木原木地板厚15

纸浆保温材料厚40

混凝土面板厚12

地暖面板

250

吊顶肋木

双重托梁：45×45@303

梁：120×210

结构胶合板厚28

地暖之上使用 55 mm 或 60 mm 厚的榻榻米时，选用不添加防潮、防虫等化学物质的榻榻米，并在附近设置通风口，避免上面滞留湿气

分隔条

地面：传统榻榻米厚60

混凝土面板厚12

地暖面板

托梁45×45@303

纸浆保温材料厚40

1层天花板：石膏板厚9.5，刷灰泥涂料

榻榻米空间与厨房相邻接。厨房部分铺设柏木地板，交界处使用分隔条进行分隔。

此地暖采用的是温水地暖的一种，上面可以铺设实木或者榻榻米

A-1 设计、案例说明：TKO-M.architects 冈村裕次 摄影：多田良子

A-2 用小支柱调整地坪高度

下图住宅的主人是一名单身人士，所以没有设置大客厅，只有几个小房间组合在一起。

为了使每个房间赋予变化，我们改变了地板的铺设方向和天花板的高度。 其中一个房间的地面使用榻榻米，并跟与其相接的地板高度相一致，榻榻米和地板下面的高差通过调整支撑柱的高低来解决。

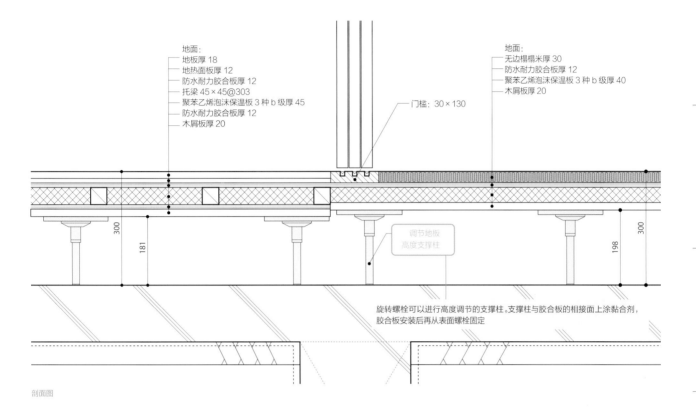

地面：
地板厚 18
地热面板厚 12
防水耐力胶合板厚 12
托梁 45×45@303
聚苯乙烯泡沫保温板 3 种 b 级厚 45
防水耐力胶合板厚 12
木屑板厚 20

门槛：30×130

地面：
无边榻榻米厚 30
防水耐力胶合板厚 12
聚苯乙烯泡沫保温板 3 种 b 级厚 40
木屑板厚 20

调节地板
高度支撑柱

旋转螺栓可以进行高度调节的支撑柱。支撑柱与胶合板的相接面上涂黏合剂，胶合板安装后再从表面螺栓固定

300
181
198
300

剖面图

每个房间的天花板和地板都有变化，各个空间缓缓过渡延续为一个整体，视线开阔。

A-2 设计、案例说明、摄影：TKO-M.architects 冈村裕次

A-3 用托梁调整高度，确保配线空间

下图为结构材料露出，以织物壁纸装饰的住宅。为使2层的和室与相邻的起居室成为一个整体，地板和榻榻米高度相同。楼下也做成同样的样式，2层地面下面的小梁和胶合板露出成为天花板。起居室的地板和结构胶合板之间设置托梁，消除了与榻榻米的厚度差，同时也确保了楼下天花板照明用的空间。

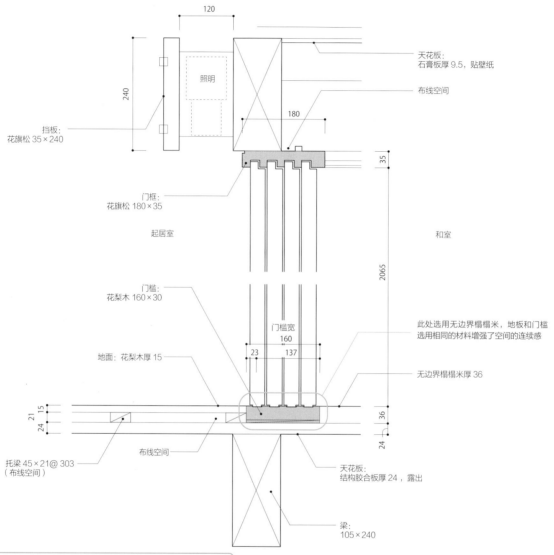

天花板：
石膏板厚9.5，贴壁纸

布线空间

挡板：
花旗松 35×240

门框：
花旗松 180×35

起居室

和室

门槛：
花梨木 160×30

门槛宽
160

此处选用无边界榻榻米，地板和门槛选用相同的材料增强了空间的连续感

地面：花梨木厚15

无边界榻榻米厚36

托梁 45×21@ 303
（布线空间）

布线空间

天花板：
结构胶合板厚24，露出

梁：
105×240

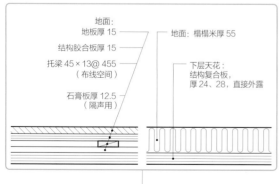

地面：
地板厚15

结构胶合板厚15

托梁 45×13@ 455
（布线空间）

石膏板厚12.5
（隔声用）

地面：榻榻米厚55

下层天花：
结构复合板，
厚24、28，直接外露

如果下面一层的房间是卧室，隔声性能较弱的露出式天花板不适用时，可以选用标准厚度（55 mm或60 mm）的榻榻米，地板下面贴上石膏板保证楼板的隔声性能

拉门、门框剖面图

A-3 设计、案例说明、摄影：a studio*

从客厅看和室。没有高差，门槛和地板均使用同样的花梨原木，室内外形成一个整体的空间。

A-4 大胆地设置台阶

下图的案例在旋转楼梯折回部分的下面，设置了宽2.5 m，深3.5 m左右的榻榻米空间。地板和榻榻米之间交接处设置了高120 mm，与地板相同材料的栗木台阶，创造出独特的空间。

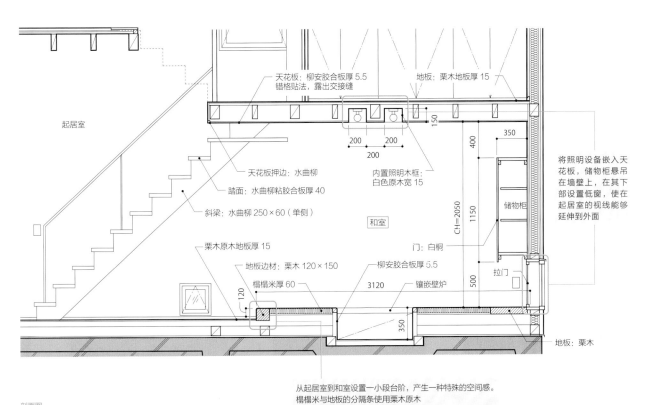

起居室

天花板：柳安胶合板厚5.5
错格贴法，露出交接缝

地板：栗木地板厚15

天花板押边：水曲柳

踏面：水曲柳粘胶合板厚40

斜梁：水曲柳250×60（单侧）

内置照明木框：
白色原木宽15

和室

200 200
200
150
400
350
CH=2050
1150
储物柜

将照明设备嵌入天花板，储物柜悬吊在墙壁上，在其下部设置低窗，使在起居室的视线能够延伸到外面

栗木原木地板厚15

地板边材：栗木120×150

榻榻米厚60

柳安胶合板厚5.5

门：白桐

拉门

500

120

3120

镶嵌壁炉

350

地板：栗木

从起居室到和室设置一小段台阶，产生一种特殊的空间感。榻榻米与地板的分隔条使用栗木原木

剖面图

从起居室看榻榻米空间。特意设计的120 mm高差突出和室的独特气氛。榻榻米是天然草制成的。

A-4 设计、案例说明：神成建筑设计事务所　摄影：莜泽裕

如何使定制家具仿佛浮在空中一样？

A-1 将起居室的组合柜挂在墙上

强调收纳还是削弱收纳对空间印象有很大的影响。 由于地下空间部分可以不计入容积率，所以本案例设计成有地下室和错层的方案。 为了配合错层的方案，仅将收纳柜的背板安装在墙壁上，强调浮在空中的存在感。这种收纳柜的优点是，可以看到下方地板，感觉房间更宽阔，而且箱内不易积灰。

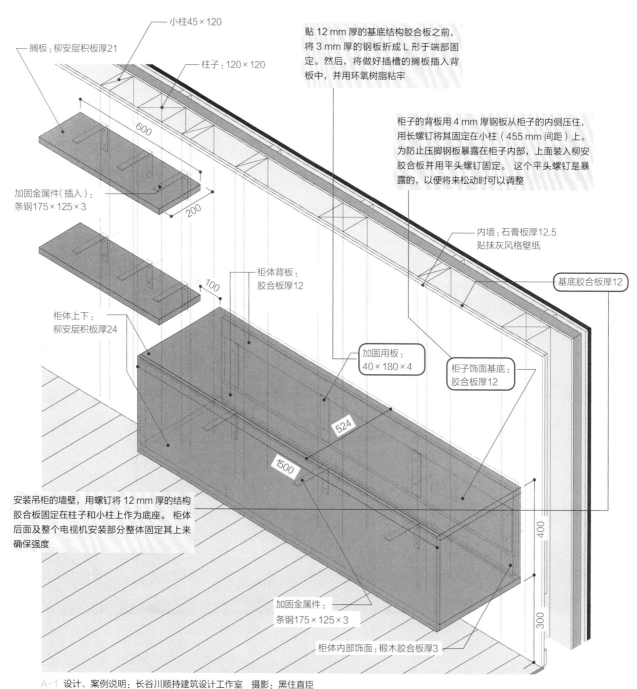

小柱45×120

搁板：柳安层积板厚21

柱子：120×120

贴12 mm 厚的基底结构胶合板之前，将3 mm 厚的钢板折成L 形于端部固定。然后，将做好插槽的搁板插入背板中，并用环氧树脂粘牢

柜子的背板用4 mm 厚钢板从柜子的内侧压住，用长螺钉将其固定在小柱（455 mm 间距）上。为防止压脚钢板暴露在柜子内部，上面装入柳安胶合板并用平头螺钉固定。 这个平头螺钉是暴露的，以便将来松动时可以调整

600

200

加固金属件（插入）：条钢175×125×3

内墙：石膏板厚12.5 贴抹灰风格壁纸

100

柜体背板：胶合板厚12

基底胶合板厚12

柜体上下：柳安层积板厚24

加固用板：40×180×4

柜子饰面基底：胶合板厚12

524

1500

安装吊柜的墙壁，用螺钉将12 mm 厚的结构胶合板固定在柱子和小柱上作为底座。 柜体后面及整个电视机安装部分整体固定其上来确保强度

400

300

加固金属件：条钢175×125×3

柜体内部饰面：椴木胶合板厚3

A-1 设计、案例说明：长谷川顺持建筑设计工作室　摄影：黑住直臣

收纳柜 展开图

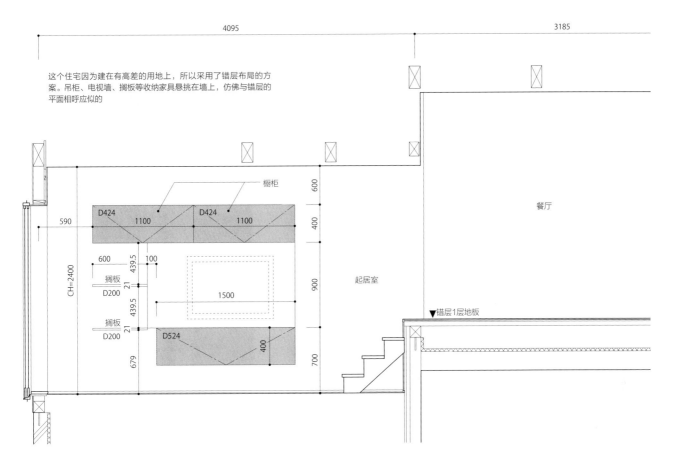

这个住宅因为建在有高差的用地上，所以采用了错层布局的方案。吊柜、电视墙、搁板等收纳家具悬挑在墙上，仿佛与错层的平面相呼应似的

餐厅

橱柜

起居室

▼错层1层地板

起居室的主墙面收纳与错层平面以同样的节奏感进行设置。柜体悬挑出 524 mm，跨度较大，采用 24 mm 厚的椴木积层板以提高强度。

A-2 桌面、电视柜只用一块木板

下图为隔着窗户与庭院相对的桌面（①），以及将墙壁做成电视墙（②）的两个实例。

①将板材插入山字钢夹在两侧短墙之间，②将支架埋入墙内，使桌面仿佛一张整板悬浮在空中一样。

① 板材插入山字钢并以短墙做支撑

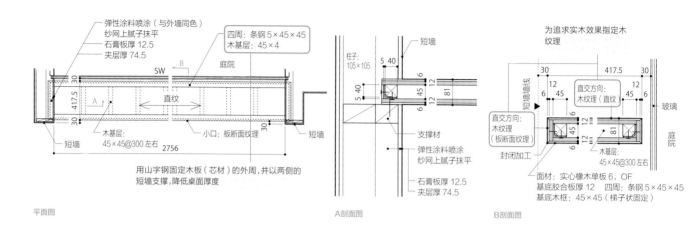

用山字钢固定木板（芯材）的外周，并以两侧的短墙支撑，降低桌面厚度

② 将支架埋入墙内

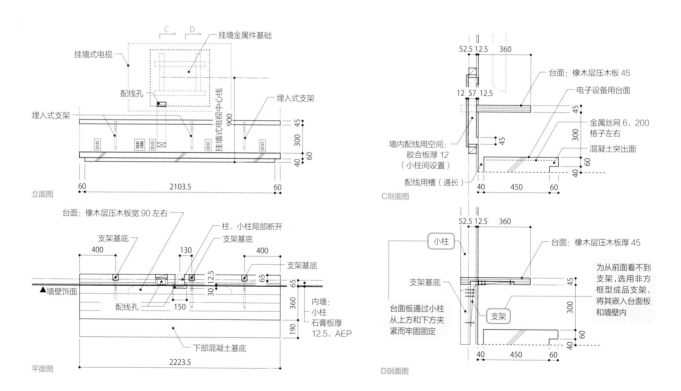

A-2　设计、案例说明：石井秀树建筑设计事务所

A-3 将竖板固定在柱子上，露出墙外

把固定在墙内柱和间柱上的竖板露出，上下安装面板和底板。30 mm 左右厚的板材足够确保强度。采用集成材和螺栓等小部件制作，施工时也很省力。

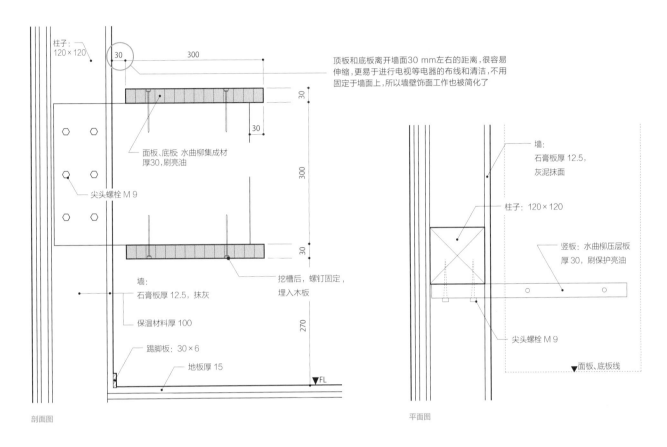

柱子：
120×120

30   300

顶板和底板离开墙面30 mm左右的距离，很容易伸缩，更易于进行电视等电器的布线和清洁，不用固定于墙面上，所以墙壁饰面工作也被简化了

30

面板、底板 水曲柳集成材
厚30，刷亮油

30

300

尖头螺栓 M 9

墙：
石膏板厚 12.5，
灰泥抹面

柱子：120×120

竖板：水曲柳压层板
厚30，刷保护亮油

30

挖槽后，螺钉固定，
埋入木板

墙：
石膏板厚 12.5，抹灰

保温材料厚 100

270

尖头螺栓 M 9

踢脚板：30×6

地板厚 15

▼面板、底板线

▼FL

剖面图

平面图

家具中间竖板的间距与柱、间柱的间距一致，营造出空间的节奏感。

A-3 设计、案例说明、摄影：OCM 一级建筑师事务所

如何设计大跨度的木结构？

 ## 用槽钢加固木梁

　　于 1 层客厅和餐厅连续配置庭院或阳台时，木结构的梁和门窗的跨度一般是 3640 mm 左右。但是，如果设计从内部到外部的连续整体空间，那么需将此数值设置得更大，让空间变得更宽阔。纯木结构的情况下，采用柱间距 3640 mm，两侧设置窗框的方案，通过钢结构加固两个大梁的方法，可以实现较大的跨度。

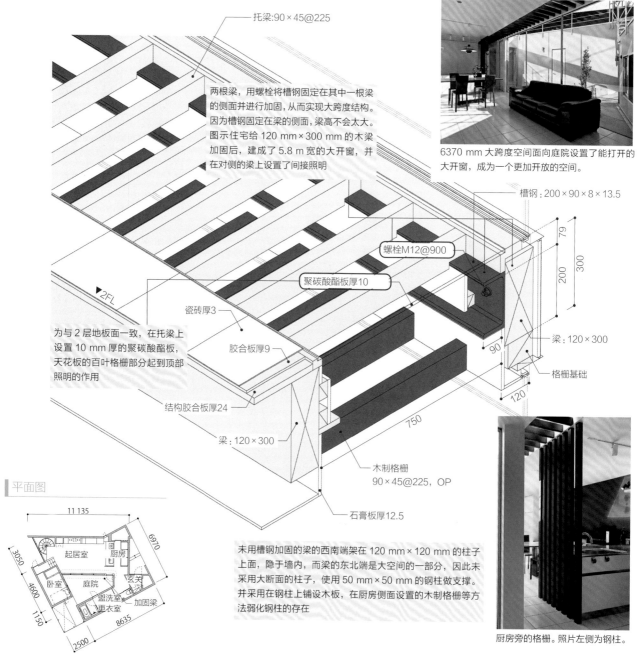

托梁:90×45@225

两根梁，用螺栓将槽钢固定在其中一根梁的侧面并进行加固，从而实现大跨度结构。因为槽钢固定在梁的侧面，梁高不会太大。图示住宅给 120 mm×300 mm 的木梁加固后，建成了 5.8 m 宽的大开窗，并在对侧的梁上设置了间接照明

6370 mm 大跨度空间面向庭院设置了能打开的大开窗，成为一个更加开放的空间。

槽钢：200×90×8×13.5

螺栓M12@900

聚碳酸酯板厚10

▼2FL

瓷砖厚3

梁：120×300

为与 2 层地板面一致，在托梁上设置 10 mm 厚的聚碳酸酯板，天花板的百叶格栅部分起到顶部照明的作用

胶合板厚9

格栅基础

结构胶合板厚24

750

梁：120×300

木制格栅
90×45@225，OP

石膏板厚12.5

平面图

11 135

3050
4600
150
2500

6970
8635

起居室
卧室
厨房
庭院
盥洗室
更衣室
玄关
加固梁

未用槽钢加固的梁的西南端架在 120 mm×120 mm 的柱子上面，隐于墙内，而梁的东北端是大空间的一部分，因此未采用大断面的柱子，使用 50 mm×50 mm 的钢柱做支撑。并采用在钢柱上铺设木板，在厨房侧面设置的木制格栅等方法弱化钢柱的存在

厨房旁的格栅。照片左侧为钢柱。

A　设计、案例说明：河野有悟建筑设计室　摄影：大泽诚一

第二章

楼梯

楼梯的基本做法和应用技巧有哪些？

A-1 墙壁作为踏面支撑，建造旋转楼梯

踏面、踢面、斜梁都是木制的楼梯，由于使用材料的厚重，容易给人留下死板的印象。但控制好尺度，也可以做出非常简洁的木楼梯。图示住宅中旋转楼梯的踏面和踢面使用红松木板，第1级台阶的踏面看起来非常轻快。中柱

90 mm×90 mm，墙壁做得很薄，营造出轻盈的感觉。墙内设置45 mm×45 mm的踏面托梁，与踢面、踏面的宽度相对应组成格子形状。

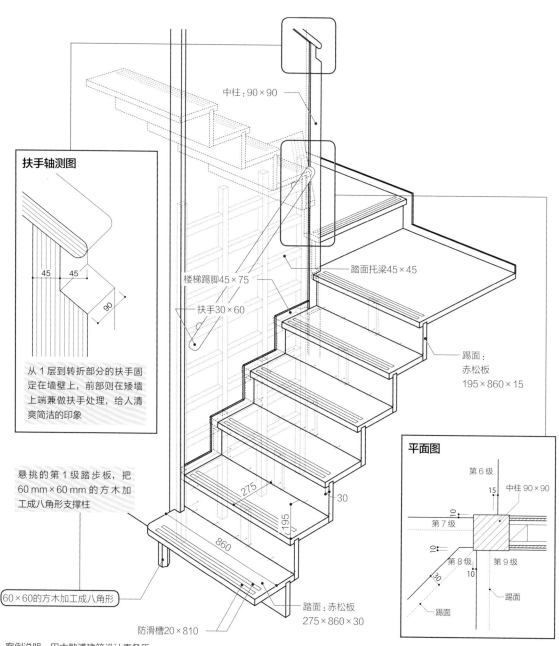

扶手轴测图

45　45

90

从1层到转折部分的扶手固定在墙壁上，前部则在矮墙上端兼做扶手处理，给人清爽简洁的印象

中柱：90×90

踏面托梁45×45

楼梯踢脚45×75

扶手30×60

踢面：
赤松板
195×860×15

悬挑的第1级踏步板，把60 mm×60 mm的方木加工成八角形支撑柱

275

30

195

860

60×60的方木加工成八角形

防滑槽20×810

踏面：赤松板
275×860×30

平面图

第6级

中柱90×90

15

第7级

10

第8级　第9级

10

30

踢面

踏面

A-1 设计、案例说明：田中敏溥建筑设计事务所

A-2 将承重梁从中心错开

在二级防火结构中做纯木的框架阶梯，木材的厚度必须大于 60 mm。而建设侧梁楼梯时，如果侧梁和踏面厚 60 mm，则踏面太厚，侧梁太宽，设计感很弱。因此，如果不做侧梁楼梯，而做承重梁楼梯，则梁和踏面的厚度正好合适，且更能保证楼梯的实际宽度。下图住宅中，踏面的一部分插入墙壁，将承重梁配置在与台阶宽度 1 : 2 的位置，挑出一侧宽度较窄，靠墙一侧较宽，这样减少了踏面悬挑的重量，也减少了承重梁的负担，能够控制承重梁的梁高。

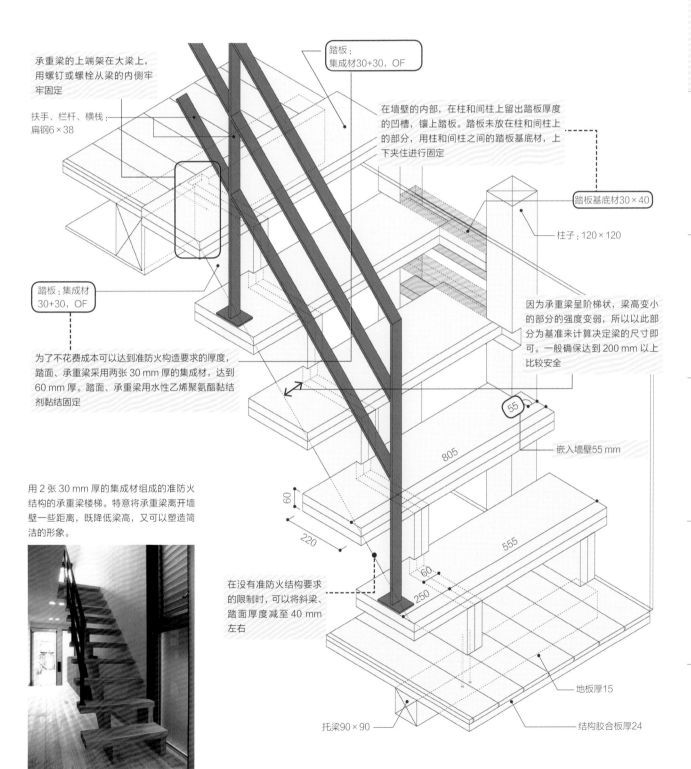

承重梁的上端架在大梁上，用螺钉或螺栓从梁的内侧牢牢固定

扶手、栏杆、横栈：扁钢6×38

踏板：集成材30+30，OF

在墙壁的内部，在柱和间柱上留出踏板厚度的凹槽，镶上踏板。踏板未放在柱和间柱上的部分，用柱和间柱之间的踏板基底材，上下夹住进行固定

踏板基底材30×40

柱子：120×120

踏板：集成材30+30，OF

为了不花费成本可以达到准防火构造要求的厚度，踏面、承重梁采用两张 30 mm 厚的集成材，达到 60 mm 厚。踏面、承重梁用水性乙烯聚氨酯黏结剂黏结固定

因为承重梁呈阶梯状，梁高变小的部分的强度变弱，所以以此部分为基准来计算决定梁的尺寸即可。一般确保达到 200 mm 以上比较安全

55

805

嵌入墙壁55 mm

用 2 张 30 mm 厚的集成材组成的准防火结构的承重梁楼梯。特意将承重梁离开墙壁一些距离，既降低梁高，又可以塑造简洁的形象。

60

220

555

60

250

在没有准防火结构要求的限制时，可以将斜梁、踏面厚度减至 40 mm 左右

地板厚15

托梁90×90

结构胶合板厚24

A-2 设计、案例说明、摄影：i+i 设计事务所

A-3 用木格栅支撑踏面，创造明亮的楼梯间

用木制格栅支撑踏板的折返楼梯。踏板去掉 4 个角，用螺钉固定在竖向格栅板上。兼做扶手的格栅板不需要立墙，另外，由于省略了踢板，所以整个楼梯间都明亮起来。

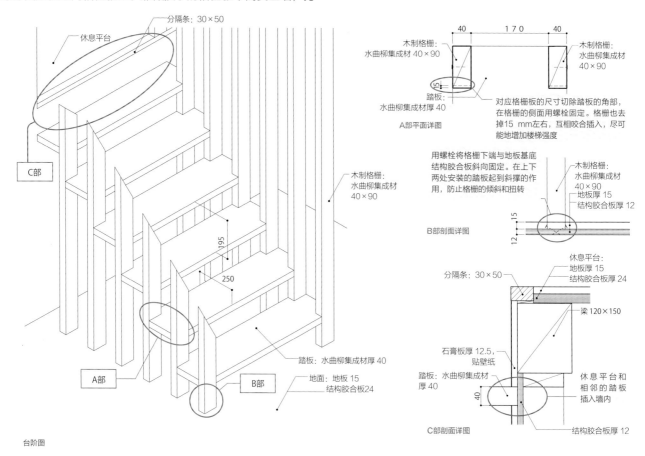

台阶图

分隔条：30×50
休息平台
C部
木制格栅：水曲柳集成材 40×90
195
250
A部
B部
踏板：水曲柳集成材厚 40
地面：地板 15 结构胶合板 24

木制格栅：水曲柳集成材 40×90
40　170　40
踏板：水曲柳集成材厚 40
木制格栅：水曲柳集成材 40×90
A部平面详图
对应格栅板的尺寸切除踏板的角部，在格栅的侧面用螺栓固定。格栅也去掉 15 mm 左右，互相咬合插入，尽可能地增加楼梯强度

用螺栓将格栅下端与地板基底结构胶合板斜向固定。在上下两处安装的踏板起到斜撑的作用，防止格栅的倾斜和扭转
木制格栅：水曲柳集成材 40×90
地板厚 15
结构胶合板厚 12
B部剖面详图

休息平台：地板厚 15 结构胶合板厚 24
分隔条：30×50
梁 120×150
石膏板厚 12.5，贴壁纸
踏板：水曲柳集成材厚 40
休息平台和相邻的踏板插入墙内
结构胶合板厚 12
C部剖面详图

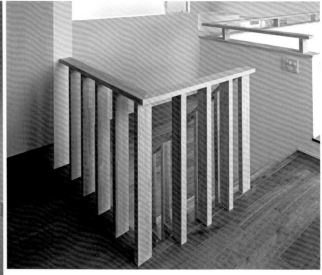

左：休息平台。省略了踢板、墙板给人轻快的印象。
右：楼梯最上端。竖格栅的上端过渡为水平扶手，扶手端部与墙壁固定。

A-3 设计、案例说明：向山建筑设计事务所 摄影：藤井浩司（Nacasa & Partners）

A-4 网格状镂空的踏面透过光线

楼梯下需要采光时，可选用透光材料做踏板。下图住宅中2层与跃层连接的短楼梯，采用了斜梁楼梯上架40mm厚的FRP（纤维增强复合材料）网格踏板。楼梯斜梁上部做成缺口搭在横梁上，从横梁的里侧用小螺钉或螺栓固定，下部用螺钉斜向固定在梁上。踏板用金属连接件固定在侧梁上的踏板支撑材上。

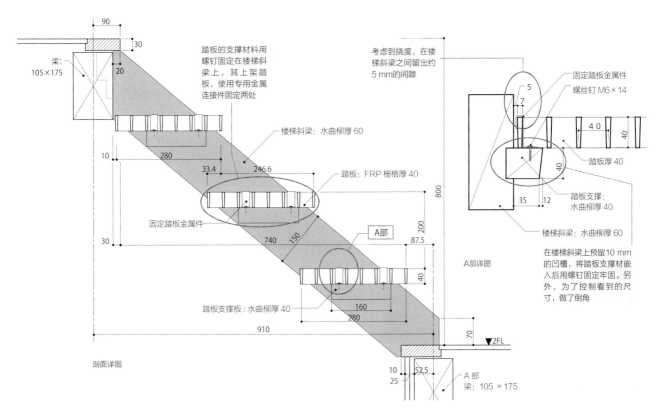

踏板的支撑材料用螺钉固定在楼梯斜梁上，其上架踏板，使用专用金属连接件固定两处

梁：105×175

楼梯斜梁：水曲柳厚60

踏板：FRP栅格厚40

固定踏板金属件

踏板支撑板：水曲柳厚40

剖面详图

考虑到挠度，在楼梯斜梁之间留出约5mm的间隙

A部详图

固定踏板金属件
螺丝钉M6×14
踏板厚40
踏板支撑：水曲柳厚40
楼梯斜梁：水曲柳厚60

在楼梯斜梁上预留10mm的凹槽，将踏板支撑材嵌入后用螺钉固定牢固。另外，为了控制看到的尺寸，做了倒角

▼2FL

A部
梁：105×175

从2层楼板连接跃层的短直楼梯。选用透光性高的FRP网格踏板，下面的起居室顶部也会射入足够的光线。

A-4 设计、案例说明、摄影：神成建筑设计事务所

各房间及门窗

楼梯

浴室

玄关

阳台和露台

屋顶、雨篷、屋檐吊顶

建筑的形状

如何建造富有轻快感的钢楼梯？

A-1 钢侧梁与木踏板的简单组合

钢楼梯的最大好处是，确保强度的同时，踏板和楼梯斜梁可以使用较薄的材料。下图住宅中楼梯斜梁的厚度控制在最小限度，弱化部件的存在感。而且省略了踢面板，与木制斜梁楼梯相比，呈现出更加简洁的线条。另一方面，钢架上铺与地板材料相同的原木，使空间更具亲切感。

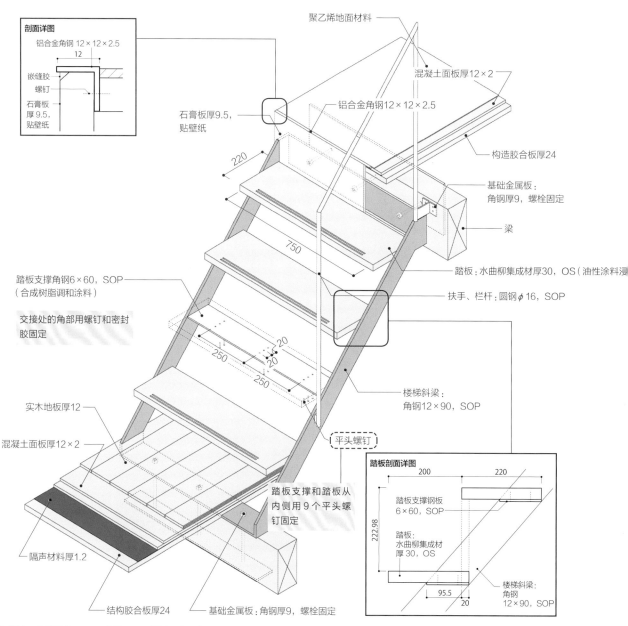

剖面详图

铝合金角钢 12×12×2.5

嵌缝胶
螺钉
石膏板厚9.5，贴壁纸

聚乙烯地面材料

混凝土面板厚12×2

铝合金角钢12×12×2.5

石膏板厚9.5，贴壁纸

220

构造胶合板厚24

基础金属板：角钢厚9，螺栓固定

梁

750

踏板：水曲柳集成材厚30，OS（油性涂料浸

踏板支撑角钢6×60，SOP（合成树脂调和涂料）

扶手、栏杆：圆钢φ16，SOP

交接处的角部用螺钉和密封胶固定

20
250
20
250

楼梯斜梁：角钢12×90，SOP

实木地板厚12

混凝土面板厚12×2

平头螺钉

踏板支撑和踏板从内侧用9个平头螺钉固定

隔声材料厚1.2

结构胶合板厚24

基础金属板：角钢厚9，螺栓固定

踏板剖面详图

200   220

222.98

踏板支撑钢板6×60，SOP

踏板：水曲柳集成材厚30，OS

95.5   20

楼梯斜梁：角钢12×90，SOP

A-1 设计、案例说明：HAK 有限公司　摄影：上田宏

简单的钢楼梯 剖面图

栏杆:
插入墙壁固定
抛光4.5,螺钉固定

扶手、栏杆:纯钢 ϕ16,SOP

基础金属板:
钢板厚9,螺栓固定

200

222.98

踏板:水曲柳集成材厚30,OS

115.5

楼梯斜梁:钢板12×90,SOP

踏板支撑:钢板6×60,SOP

基础金属板:
钢板厚9,螺栓固定

2475

303   909   909   909

3030

因为没有踢面板,楼梯的后面也可以射入光线。

A-2 将楼梯斜梁、踏板、扶手整体化的悬臂楼梯

　　焊接踏板的悬臂式楼梯斜梁嵌入墙内，踏板仿佛从墙内生长出来一样。采用 T 形踏板，钢板支撑斜面处理的方案，支撑部厚度控制到 6 mm。

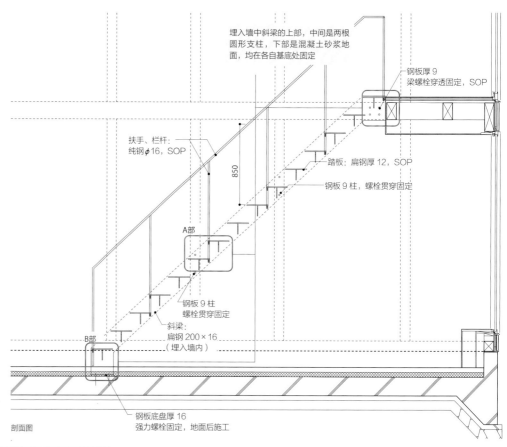

埋入墙中斜梁的上部，中间是两根圆形支柱，下部是混凝土砂浆地面，均在各自基底处固定

钢板厚 9
梁螺栓穿透固定，SOP

扶手、栏杆：
纯钢 φ16，SOP

踏板：扁钢厚 12，SOP

钢板 9 柱，螺栓贯穿固定

850

A部

钢板 9 柱
螺栓贯穿固定

斜梁：
扁钢 200×16
（埋入墙内）

B部

钢板底盘厚 16
强力螺栓固定，地面后施工

剖面图

A部剖面详图

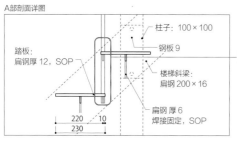

踏板：
扁钢厚 12，SOP

柱子：100×100

钢板 9

楼梯斜梁：
扁钢 200×16

扁钢 厚 6
焊接固定，SOP

扶手、栏杆均使用 φ16的纯钢，焊接在踏板端部，显得格外简洁

220　10
230

B部剖面图

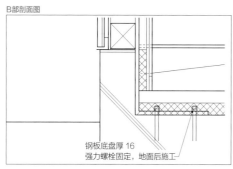

钢板底盘厚 16
强力螺栓固定，地面后施工

踏板部分剖面图

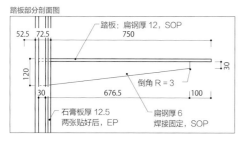

踏板：扁钢厚 12，SOP
750

52.5 72.5

120

30

倒角 R=3

30　676.5　100

石膏板厚 12.5
两张贴好后，EP

扁钢厚 6
焊接固定，SOP

楼梯线条非常流畅，从后面的中庭还可以获得采光。

A-2 设计、案例说明：HAK 有限公司　摄影：上田宏

A-3 用钢和木板组成旋转楼梯

由钢柱、支撑件和木制踏板组成的旋转楼梯，与单纯的钢楼梯相比，用钢量少，易于施工，适合无踢面的轻便式楼梯。

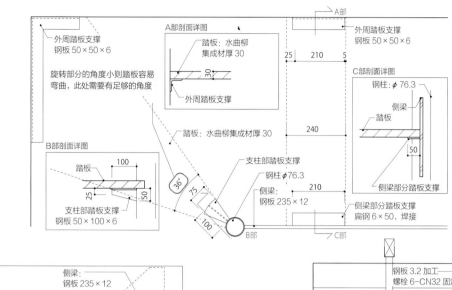

A部剖面详图
踏板：水曲柳
集成材厚30
30
外周踏板支撑

外周踏板支撑
钢板 50×50×6

旋转部分的角度小则踏板容易弯曲，此处需要有足够的角度

B部剖面详图
踏板
100
25
50
支柱部踏板支撑
钢板 50×100×6

36°
75
100
B部

A部
外周踏板支撑
钢板 50×50×6
25 210 5

C部剖面详图
钢柱：φ76.3
侧梁
踏板
50
侧梁部分踏板支撑

踏板：水曲柳集成材厚30
240
支柱部踏板支撑
钢柱 φ76.3
侧梁：钢板 235×12
210
侧梁部分踏板支撑
扁钢 6×50，焊接
C部

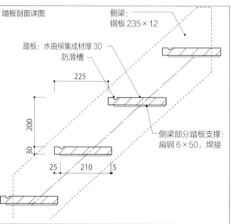

踏板剖面详图
侧梁：钢板 235×12
踏板：水曲柳集成材厚30
防滑槽
225
200
30
25 210 5
侧梁部分踏板支撑：扁钢 6×50，焊接

钢柱上部与爬梁，下部与基础板紧密连接。

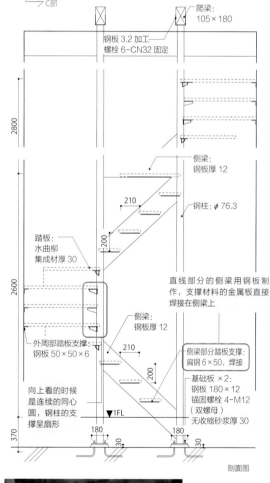

爬梁：105×180
钢板 3.2 加工
螺栓 6-CN32 固定

2800

侧梁：钢板厚12
钢柱：φ76.3
210
200

踏板：水曲柳集成材厚30

2600

直线部分的侧梁用钢板制作，支撑材料的金属板直接焊接在侧梁上

侧梁：钢板厚12
外周部踏板支撑：钢板 50×50×6
210
向上看的时候是连续的同心圆，钢柱的支撑呈扇形
200
侧梁部分踏板支撑：扁钢 6×50，焊接
基础板 ×2：钢板 180×12
锚固螺栓 4-M12（双螺母）
无收缩砂浆厚30

370
▼1FL
180 30
180 30

剖面图

做墙壁饰面之前的踏板下方。

A-3 设计、案例说明、摄影：水石浩太建筑设计室

A-4 将 H 型钢梁清晰地展现出来

这是一个使用 H 型钢控制斜梁断面尺寸过大的例子。承担踏板的托架焊接在 H 型钢上，衔接部分显得很简洁。

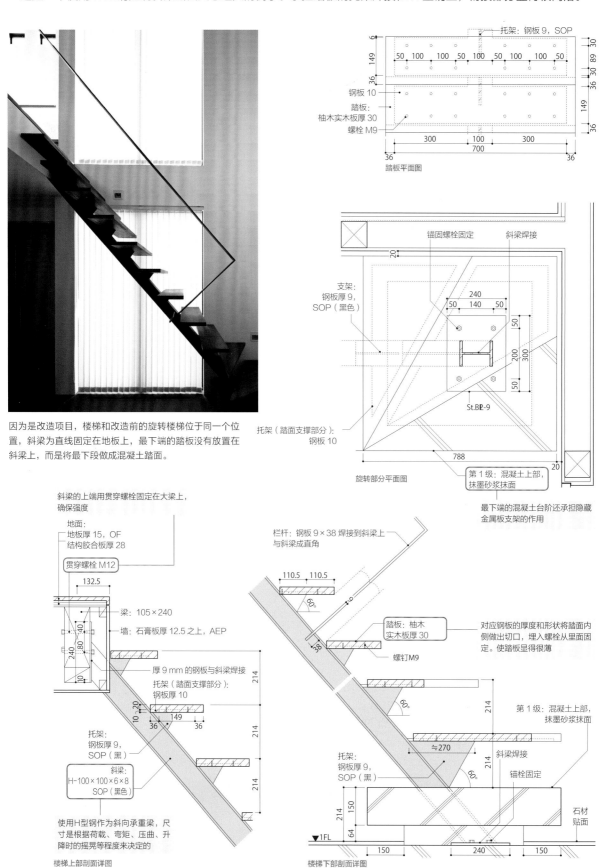

因为是改造项目，楼梯和改造前的旋转楼梯位于同一个位置，斜梁为直线固定在地板上，最下端的踏板没有放置在斜梁上，而是将最下段做成混凝土踏面。

托架：钢板9，SOP
钢板10
踏板：柚木实木板厚30
螺栓M9
踏板平面图

锚固螺栓固定　斜梁焊接
支架：钢板厚9，SOP（黑色）
托架（踏面支撑部分）：钢板10
St.B 2-9
旋转部分平面图
第1级：混凝土上部，抹墨砂浆抹面
最下端的混凝土台阶还承担隐藏金属板支架的作用

斜梁的上端用贯穿螺栓固定在大梁上，确保强度
地面：地板厚15，OF　结构胶合板厚28
贯穿螺栓M12
梁：105×240
墙：石膏板厚12.5之上，AEP
厚9 mm的钢板与斜梁焊接
托架（踏面支撑部分）：钢板厚10
托架：钢板9，SOP（黑）
斜梁：H-100×100×6×8 SOP（黑色）
使用H型钢作为斜向承重梁，尺寸是根据荷载、弯矩、压曲、升降时的摇晃等程度来决定的
楼梯上部剖面详图

栏杆：钢板9×38 焊接到斜梁上与斜梁成直角
踏板：柚木实木板厚30
螺钉M9
对应钢板的厚度和形状将踏面内侧做切口，埋入螺栓从里面固定。使踏板显得很薄
第1级：混凝土上部，抹墨砂浆抹面
斜梁焊接
锚栓固定
石材贴面
托架：钢板厚9，SOP（黑）
▼1FL
楼梯下部剖面详图

A-4 设计、案例说明：石井秀树建筑设计事务所　摄影：鸟村钢一

如何设计悬臂式的木楼梯？

A-1 仅使用木板悬挑

悬臂式楼梯，除了楼梯斜梁、承重梁、侧梁等梁材外，还可以省略踢板，利于设计。但是，如果是木制悬臂式楼梯，为了确保强度和简化施工，大部分都选用金属器件支撑木制踏板，或者在钢梯上架上木制踏板等方式。

在这个住宅中，利用墙壁的厚度，只用木材做成了悬臂式楼梯。没有使用金属板或钢结构，不仅控制了成本，还建造出了质朴的楼梯。

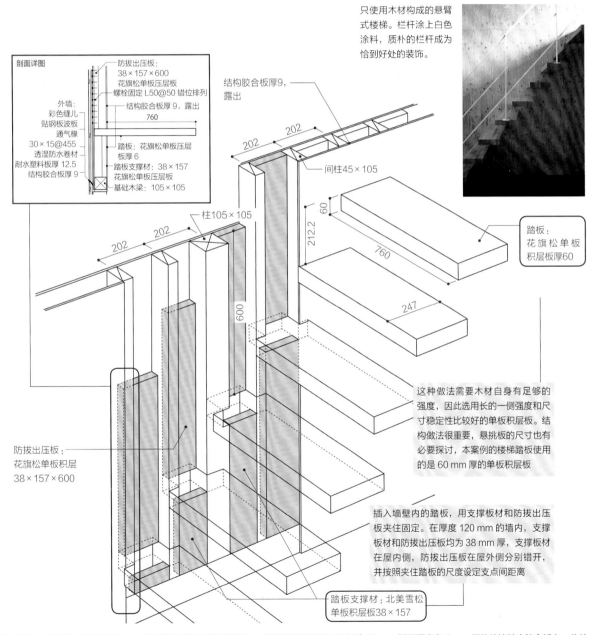

只使用木材构成的悬臂式楼梯。栏杆涂上白色涂料，质朴的栏杆成为恰到好处的装饰。

剖面详图

防拔出压板：
38×157×600
花旗松单板压层板
螺栓固定 L50@50 错位排列
结构胶合板厚 9，露出
760
踏板：花旗松单板压层
板厚 6
踏板支撑材：38×157
花旗松单板压层板
基础木梁：105×105

外墙：
彩色缝儿
贴钢板波板
通气椽
30×15@455
透湿防水卷材
耐水塑料板厚 12.5
结构胶合板厚 9

结构胶合板厚9，露出

间柱45×105

柱105×105

防拔出压板：
花旗松单板积层
38×157×600

踏板：
花旗松单板
积层板厚60

这种做法需要木材自身有足够的强度，因此选用长的一侧强度和尺寸稳定性比较好的单板积层板。结构做法很重要，悬挑板的尺寸也有必要探讨，本案例的楼梯踏板使用的是 60 mm 厚的单板积层板

插入墙壁内的踏板，用支撑板材和防拔出压板夹住固定。在厚度 120 mm 的墙内，支撑板材和防拔出压板均为 38 mm 厚，支撑板材在屋内侧，防拔出压板在屋外侧分别错开，并按照夹住踏板的尺度设定支点间距离

踏板支撑材：北美雪松
单板积层板38×157

因为支撑板材、防拔出压板都会承受很大的力，所以将支撑板材架在基础上，将防拔出压板用 L50 钉约 50 mm 间距固定在 9 mm 厚的外墙基底胶合板上。此外，因为此住宅使用的是 2 倍规格的普通板材，钉子受力很容易被拔出松动，所以如果担心钉子会被拔出的话，可以选用更厚的防拔出板材。

A-1 设计、案例说明：MAMBO　摄影：平刚

A-2 组装踏面和踢面，固定在墙壁上

建造有踢面的悬臂式楼梯。在墙内设置 105 mm×105 mm 的柱子，用螺栓紧紧连接，牢牢固定。

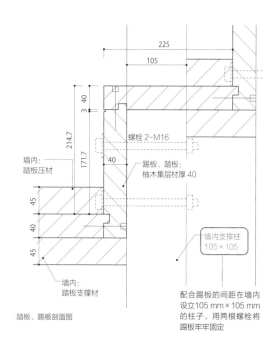

墙内：
踏板压材

螺栓 2-M16

踢板、踏板：
柚木集层材厚 40

墙内支撑柱
105×105

墙内：
踏板支撑材

配合踢板的间距在墙内
设立 105 mm×105 mm
的柱子，用两根螺栓将
踢板牢牢固定

踏板、踢板剖面图

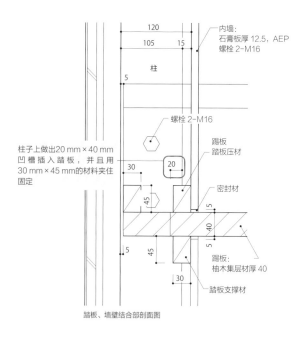

内墙：
石膏板厚 12.5，AEP
螺栓 2-M16

柱

螺栓 2-M16

柱子上做出 20 mm×40 mm
凹槽插入踏板，并且用
30 mm×45 mm 的材料夹住
固定

踢板
踏板压材

密封材

踢板：
柚木集层材厚 40

踏板支撑材

踏板、墙壁结合部剖面图

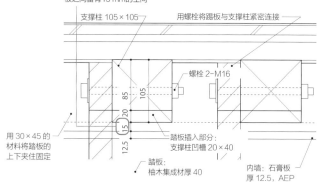

为了确保墙内配线的路线，支撑柱和石膏
板之间留有 15 mm 的空间

支撑柱 105×105

用螺栓将踢板与支撑柱紧密连接

螺栓 2-M16

用 30×45 的
材料将踏板的
上下夹住固定

踏板插入部分：
支撑柱凹槽 20×40

踏板：
柚木集成材厚 40

内墙：石膏板
厚 12.5，AEP

墙、踢板结合部平面图

踏板和踢板厚度相同，仿佛
曲折的木板在墙上长着一
样。从下开始按顺序将踏板
和踢板组装施工。

A-2 设计、案例说明：石井秀树建筑设计事务所　摄影：鸟村钢一

A-3 将吊挂楼梯做成悬臂式

用截面小的材料将楼梯悬挂起来，可以建造出质朴的悬臂式楼梯。本案例中榻榻米对面的楼梯，没有使用日式风格的斜梁，只选用了吊挂材料、踏板和支撑材料进行建造。

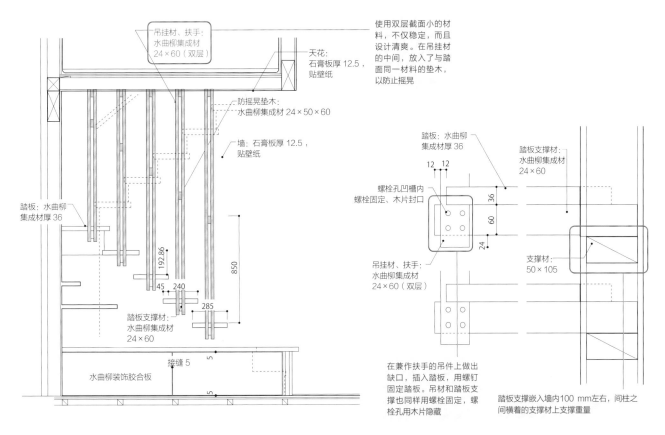

吊挂材、扶手：
水曲柳集成材
24×60（双层）

天花：
石膏板厚 12.5，
贴壁纸

防摇晃垫木：
水曲柳集成材 24×50×60

墙：石膏板厚 12.5，
贴壁纸

踏板：水曲柳
集成材厚 36

192.86

850

45　240

285

踏板支撑材：
水曲柳集成材
24×60

接缝 5

5

5

水曲柳装饰胶合板

使用双层截面小的材料，不仅稳定，而且设计清爽。在吊挂材的中间，放入了与踏面同一材料的垫木，以防止摇晃。

踏板：水曲柳
集成材厚 36

12　12

36

60

24

螺栓孔凹槽内
螺栓固定、木片封口

吊挂材、扶手：
水曲柳集成材
24×60（双层）

踏板支撑材：
水曲柳集成材
24×60

支撑材：
50×105

在兼作扶手的吊件上做出缺口，插入踏板，用螺钉固定踏板。吊材和踏板支撑也同样用螺栓固定，螺栓孔用木片隐藏。

踏板支撑嵌入墙内100 mm左右，间柱之间横着的支撑材上支撑重量。

立面图

踏板剖面图

左：省略斜梁，空间更大。
右：踏板用吊材和踏板支撑材牢牢固定，行走时非常稳固。

A-3 设计、案例说明、摄影：OCM 一级建筑师事务所

如何活用楼梯下面的空间？

A-1 设置卫生间

楼梯下方容易成为死角，通常会设置卫生间。这时要注意的是，为了不撞到台阶和天花板，需调整楼梯的高度和马桶的位置，确保有效使用空间。

如果不考虑准耐火结构的要求，那么是否贴天花板的基底和饰面，则取决于通风扇设置在天花板上还是墙壁上。此外，虽然也采用铺设斜面天花板的方法，但为确保足够高度，也可以采用露出踏板和踢板的方法。

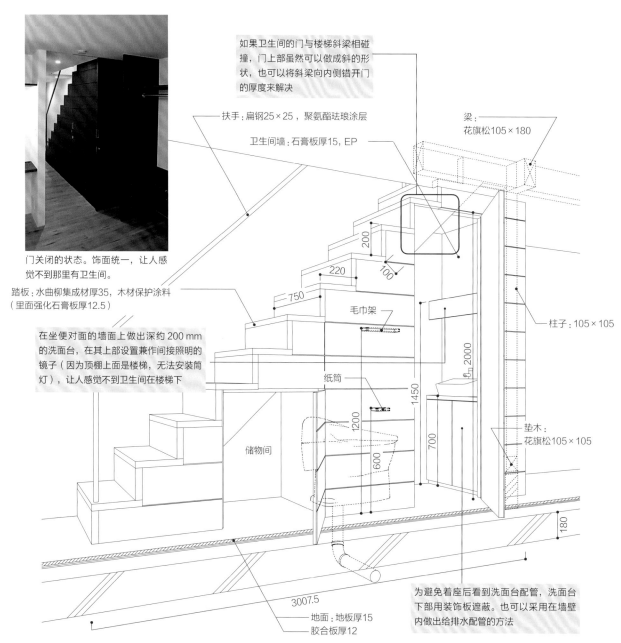

门关闭的状态。饰面统一，让人感觉不到那里有卫生间。

如果卫生间的门与楼梯斜梁相碰撞，门上部虽然可以做成斜的形状，也可以将斜梁向内侧错开门的厚度来解决

扶手:扁钢25×25，聚氨酯珐琅涂层

卫生间墙:石膏板厚15, EP

梁:花旗松105×180

踏板:水曲柳集成材厚35,木材保护涂料
（里面强化石膏板厚12.5）

在坐便对面的墙面上做出深约200 mm的洗面台，在其上部设置兼作间接照明的镜子（因为顶棚上面是楼梯，无法安装筒灯），让人感觉不到卫生间在楼梯下

柱子:105×105

毛巾架

纸筒

储物间

垫木:花旗松105×105

200
220
750
100
2000
1450
1200
700
600
180

为避免着座后看到洗面台配管，洗面台下部用装饰板遮蔽。也可以采用在墙壁内做出给排水配管的方法

3007.5

地面:地板厚15
胶合板厚12

A-1 设计、案例说明、摄影:神成建筑设计事务所

A-2 做可调节式收纳，最大限度地利用空间

如果楼梯下设置可以进入的仓库或收纳空间，能够利用的空间就会变小，使用功能也会变差。本案例制作了隔板可调节式的收纳柜，充分利用宽约 680 mm，深约 1200 mm 的空间。

而且，楼梯的第 1 级和第 3 级设置抽屉，其余部分设置外部用收纳柜，最大限度地利用楼梯下空间。

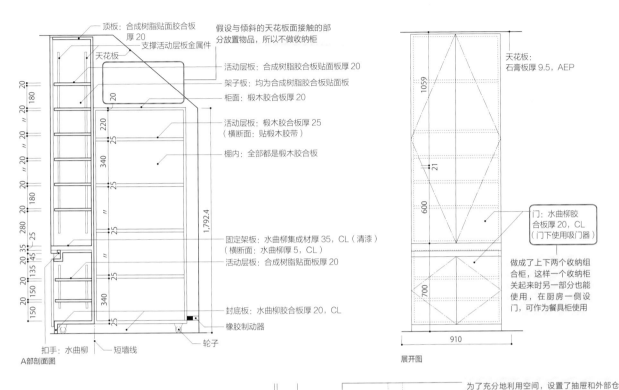

顶板：合成树脂贴面胶合板厚 20

支撑活动层板金属件

天花板

活动层板：合成树脂胶合板贴面板厚 20

架子板：均为合成树脂胶合板贴面板

柜面：椴木胶合板厚 20

假设与倾斜的天花板面接触的部分放置物品，所以不做收纳柜

活动层板：椴木胶合板厚 25
（横断面：贴椴木胶带）

棚内：全部都是椴木胶合板

固定架板：水曲柳集成材厚 35，CL（清漆）
（横断面：水曲柳厚 5，CL）

活动层板：合成树脂贴面板厚 20

封底板：水曲柳胶合板厚 20，CL

橡胶制动器

扣手：水曲柳　短墙线　轮子

A部剖面图

天花板：
石膏板厚 9.5，AEP

门：水曲柳胶合板厚 20，CL
（门下使用吸门器）

做成了上下两个收纳组合柜，这样一个收纳柜关起来时另一部分也能使用，在厨房一侧设门，可作为餐具柜使用

展开图

可调节式收纳
外部仓库

门廊
楼梯
玄关

抽屉

电视柜兼收纳
起居室

厨房
操作间
装饰架
厕所
停车场

平面图

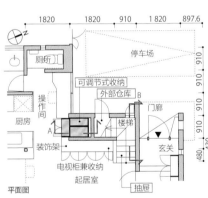

从客厅看操作间，可调节式收纳柜敞开的状态。

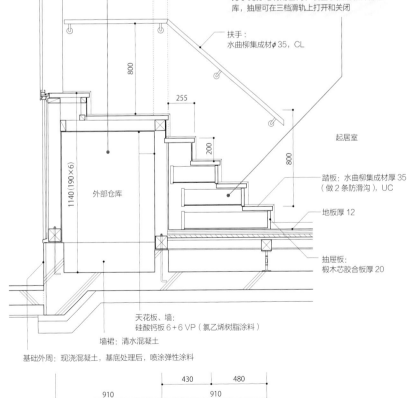

为了充分地利用空间，设置了抽屉和外部仓库，抽屉可在三档滑轨上打开和关闭

扶手：
水曲柳集成材φ35，CL

起居室

踏板：水曲柳集成材厚 35
（做 2 条防滑沟），UC

地板厚 12

抽屉板：
椴木芯胶合板厚 20

外部仓库

天花板、墙：
硅酸钙板 6+6 VP（氯乙烯树脂涂料）

墙裙：清水混凝土

基础外周：现浇混凝土，基底处理后，喷涂弹性涂料

B部剖面图

A-2 设计、案例说明、摄影：中川龙吾建筑设计事务所

如何做出既坚固又美观的扶手？

A-1 将钢制的扶手安装牢固的方法

这是将 38 mm 厚的 2×10 规格材建在墙壁里做成斜梁以支撑踏面的楼梯。踏面也同样使用 2×10 规格材。

钢管制作的栏杆，从正面看是一条线，上部与墙固定，下部与支撑踏面的斜梁在墙壁上有 2 处固定，并且有 2 根栏杆与地梁固定，合计 5 处加固。扶手既清爽又稳定。

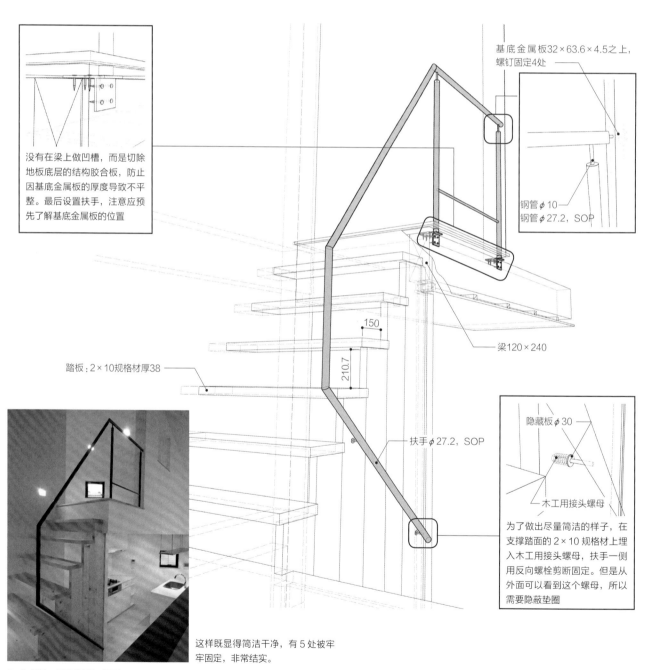

没有在梁上做凹槽，而是切除地板底层的结构胶合板，防止因基底金属板的厚度导致不平整。最后设置扶手，注意应预先了解基底金属板的位置

基底金属板32×63.6×4.5之上，螺钉固定4处

钢管 φ 10
钢管 φ 27.2，SOP

梁120×240

150

210.7

踏板：2×10规格材厚38

扶手 φ 27.2，SOP

隐藏板 φ 30

木工用接头螺母

为了做出尽量简洁的样子，在支撑踏面的 2×10 规格材上埋入木工用接头螺母，扶手一侧用反向螺栓剪断固定。但是从外面可以看到这个螺母，所以需要隐蔽垫圈

这样既显得简洁干净，有 5 处被牢牢固定，非常结实。

A-1 设计、案例说明、摄影：TKO‐M.architects 冈村裕次

A-2 将方形钢管做成扶手的托架

将方形钢管切掉一半作为托架，再插入木制扶手做成简洁的扶手。当没有制作托架的预算时，不用成品而采用这种办法很有效。

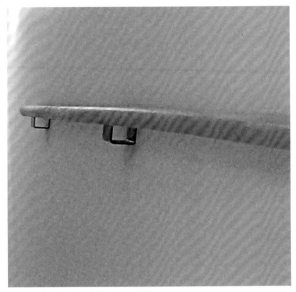

支架的涂装颜色也会成为设计的点缀。

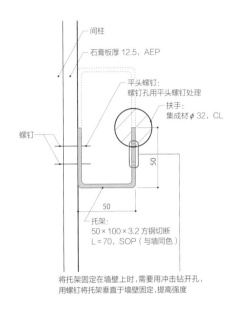

间柱

石膏板厚 12.5，AEP

平头螺钉：
螺钉孔用平头螺钉处理

扶手：
集成材 φ32，CL

螺钉

50

50

托架：
50×100×3.2 方钢切断
L = 70，SOP（与墙同色）

将托架固定在墙壁上时，需要用冲击钻开孔，
用螺钉将托架垂直于墙壁固定，提高强度。

剖面详图

A-3 将扶手嵌入墙内

下图是利用楼梯的侧墙厚度嵌入扶手的案例。扶手既不会突出妨碍步行，也会产生很好的设计效果。

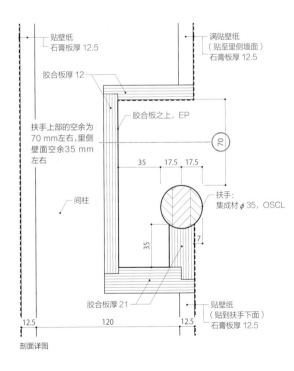

贴壁纸
石膏板厚 12.5

满贴壁纸
（贴至里侧墙面）
石膏板厚 12.5

胶合板厚 12

胶合板之上，EP

扶手上部的空余为
70 mm左右，里侧
壁面空余 35 mm
左右

70

35   17.5 17.5

间柱

扶手：
集成材 φ35，OSCL

35

7

胶合板厚 21

贴壁纸
（贴到扶手下面）
石膏板厚 12.5

12.5   120   12.5

剖面详图

A-2 设计、案例说明、摄影：TKO-M.architects 冈村裕子   A-3 设计、案例说明：北川裕记建筑设计

A-4 用钢管扶手连接天花板和地板

连接起居室等房间的楼梯，需要采用尽可能开放的设计。这个住宅里设置了没有踢面的直楼梯，钢管扶手连接梁和地板，非常流畅。

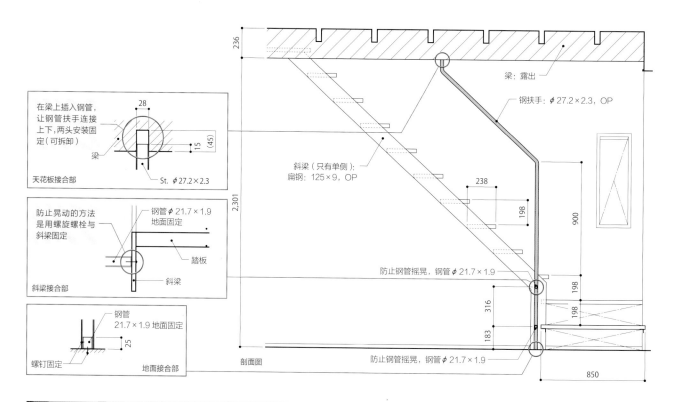

在梁上插入钢管，让钢管扶手连接上下，两头安装固定（可拆卸）

梁

15 (45)
28

St. ϕ 27.2×2.3

天花板接合部

防止晃动的方法是用螺旋螺栓与斜梁固定

钢管 ϕ 21.7×1.9 地面固定

踏板

斜梁

斜梁接合部

钢管 21.7×1.9 地面固定

25

螺钉固定

地面接合部

梁：露出

钢扶手：ϕ 27.2×2.3，OP

斜梁（只有单侧）：
扁钢：125×9，OP

238

198

900

防止钢管摇晃，钢管 ϕ 21.7×1.9

316

198

198

183

防止钢管摇晃，钢管 ϕ 21.7×1.9

剖面图

236

2,301

850

无论木楼梯、钢楼梯都能应用，照片是木楼梯的实例。
A-4 设计、案例说明、照片：RIOTA DESIGN

第三章

———

浴室

传统的浴室防水做法和基本技巧有哪些？

A-1 在1楼设置的浴室

要设计出自己想要的浴室，防水设计上的功夫是不可缺少的。该住宅位于高台的坡地，从浴室可以看到竹林葱翠的景色。另外，为了在玄关也能享受美景，将玄关、盥洗室、浴室布置在一条直线上。为避免多余的要素进入视野，该住宅统一了墙壁做法，门都采用玻璃门。为更好地欣赏景色，浴室内的窗台部下端设置成了与浴槽边缘相同的高度。

因为采用没有边框的做法，需要防止从浴槽溢出的水淤积，排水管嵌在浴槽下部。

天花板上面有开口，上部聚集的湿气很容易排出，同时在天花板上设置换气扇，也能够向外部排出湿气

为了在盥洗室也能眺望景色，让天花板连接在一起。由于玻璃门上端与天花板之间有 10 mm 的间隙，浴室湿气会进入盥洗室，所以需要采用便于通风的方案，经常换气

天花板上设置安装窗帘的空间，同时隐藏铝合金窗框的上框，以使视线更加通透

盥洗室、浴室天花板：
硅酸钙板厚6，NAD
（丙烯酸树脂非水分散涂料）
防水胶合板厚12
透气防潮层

A部

B部

C部

浴室地面：瓷砖厚9
保护混凝土层厚60
软质FRP防水层厚2
轻量混凝土垫层厚100
挤压法聚苯乙烯泡沫板厚100
砂厚约300

FRP 防水具有柔软性，因地震导致的房屋结构变形时，软质 FRP 可降低防水层破裂的危险

A-1 设计、案例说明：清水加阳子 设计合作：Sun Drops，户家直哉、太田阳贵 摄影：畑拓

排水槽周围 A 部剖面图

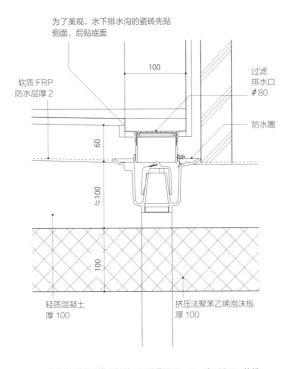

为了美观，水下排水沟的瓷砖先贴侧面，后贴底面

软质 FRP
防水层厚 2

100

过滤
排水口
φ80

防水圈

60

≒100

100

轻质混凝土
厚 100

挤压法聚苯乙烯泡沫板
厚 100

没有使用成品排水组件，只设置深10 mm，宽100 mm的排水沟，瓷砖贴面，淋浴区也使用同一风格装饰

从盥洗室望浴室。从玄关就可以眺望到地块西侧的竹林。

浴缸下 B 部剖面图

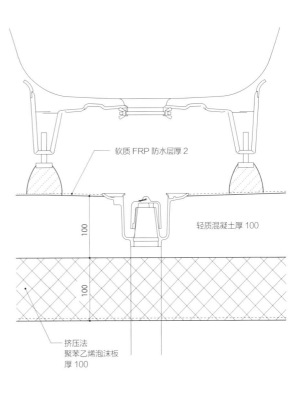

软质 FRP 防水层厚 2

100

轻质混凝土厚 100

100

挤压法
聚苯乙烯泡沫板
厚 100

浴缸端部 C 剖面图

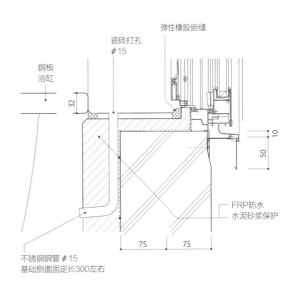

弹性橡胶嵌缝

瓷砖打孔
φ15

钢板
浴缸

32

10

50

FRP防水
水泥砂浆保护

75

75

不锈钢钢管 φ15
基础侧面固定长300左右

A-2 2 楼浴室用 FRP 防水涂膜处理

在楼上设置浴室时很容易发生意见分歧的情况。笔者事务所的做法是满铺 FRP 涂膜防水，防水层连续就能确保防水性能。

下图案例的盥洗室、更衣室、浴室设在 2 楼，从浴缸区

到淋浴区的墙面上进行弹性涂膜防水施工后，贴瓷砖。2 楼浴室还有一点应该注意的是，为使楼下的天花板不出现高差，浴缸下部的楼板和梁的标高要在探讨施工图阶段决定。此外，预先决定浴室下方配管、排水路径等也是很重要的。

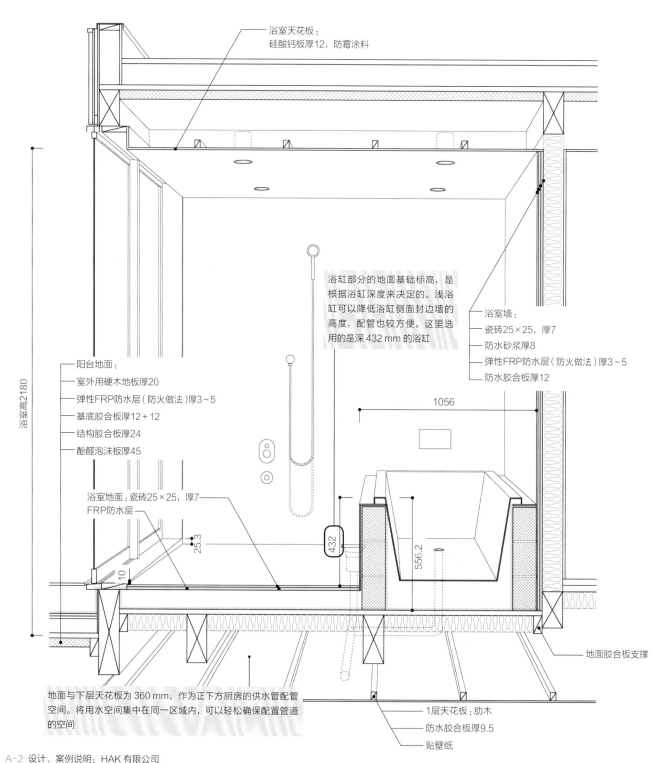

浴室天花板：
硅酸钙板厚12，防霉涂料

浴缸部分的地面基础标高，是根据浴缸深度来决定的。浅浴缸可以降低浴缸侧面封边墙的高度，配管也较方便。这里选用的是深 432 mm 的浴缸

浴室墙：
瓷砖25×25，厚7
防水砂浆厚8
弹性FRP防水层（防火做法）厚3~5
防水胶合板厚12

1056

阳台地面：
室外用硬木地板厚20
弹性FRP防水层（防火做法）厚3~5
基底胶合板厚12＋12
结构胶合板厚24
酚醛泡沫板厚45

浴室高2180

浴室地面：瓷砖25×25，厚7
FRP防水层

25.3

10

432

556.2

地面胶合板支撑

地面与下层天花板为 360 mm，作为正下方厨房的供水管配管空间。将用水空间集中在同一区域内，可以轻松确保配置管道的空间

1层天花板：肋木
防水胶合板厚9.5
贴壁纸

A-2 设计、案例说明：HAK 有限公司

A-3 适合优良住宅的浴室施工方法

在优良住宅中，洗浴空间采用整体浴室的情况非常普遍，但如果满足一定条件[1]，也可以采取传统浴室的做法。下图住宅的2层设置浴室，在浴室的地面、墙和天花板上满刷两遍防水涂膜，防水层从浴室外廊连续铺到更衣室，地面铺设伊贝木

木板材。木板做成的浴缸围板可以拆卸下来，方便日常检查淋浴区的排水沟和维修排水管。下层天花板设置的检修口也可以确认内部设备配管状况。

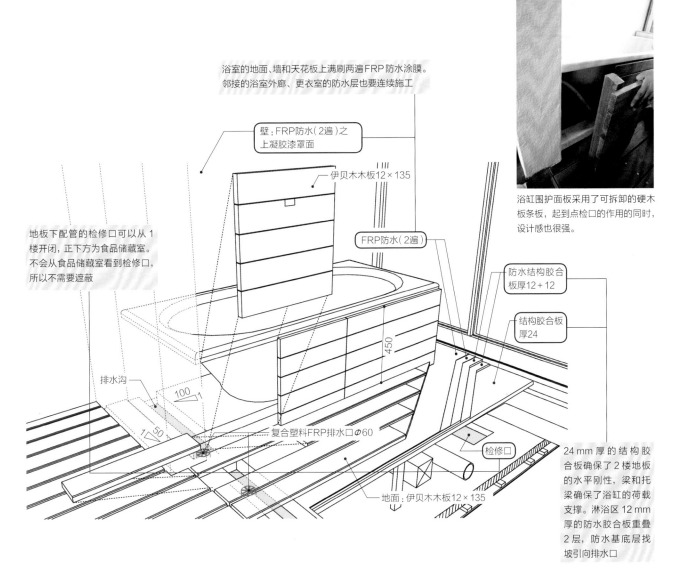

浴室的地面、墙和天花板上满刷两遍FRP防水涂膜。
邻接的浴室外廊、更衣室的防水层也要连续施工

壁：FRP防水（2遍）之上凝胶漆罩面

伊贝木木板12×135

FRP防水（2遍）

地板下配管的检修口可以从1楼开闭，正下方为食品储藏室。不会从食品储藏室看到检修口，所以不需要遮蔽

防水结构胶合板厚12＋12

结构胶合板厚24

排水沟

100／1

1／50

复合塑料FRP排水口Ø60

450

检修口

地面：伊贝木木板12×135

24 mm厚的结构胶合板确保了2楼地板的水平刚性，梁和托梁确保了浴缸的荷载支撑。淋浴区12 mm厚的防水胶合板重叠2层，防水基底层找坡引向排水口

浴缸围护面板采用了可拆卸的硬木板条板，起到点检口的作用的同时，设计感也很强。

淋浴区和更衣室的分界部分。淋浴区的地板条不只是排水口上部可以拆卸，整体都可以拆下来以便清扫下面。

浴缸采用了板条围护，没有采用一般的维护面板。浴缸和淋浴区交界处设置高约150 mm的分隔台，使浴缸和淋浴区独立排水。

浴室配管的检修口。检修口可以从1层天花板打开。

A-3 设计、案例说明、摄影：中村高淑建筑设计事务所
1 满足以下三个条件：实施必要的防水措施，可以检修设备配管，将来更换浴室设备很方便。

A-4 提高木制门窗耐久性的方法

浴室采用木制门窗隔扇时，木材的防腐对策便成为难题。采用拉门，则容易通风换气，框架也可以得到保护。若不得不采用平开门，则需要考虑如何应对变形。

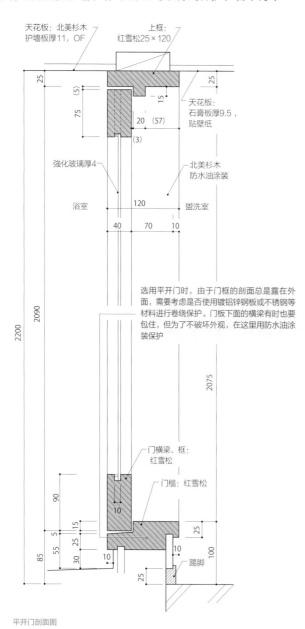

平开门剖面图

天花板：北美杉木 护墙板厚11，OF
上框：红雪松25×120
天花板：石膏板厚9.5，贴壁纸
强化玻璃厚4
北美杉木 防水油涂装
浴室　盥洗室
门横梁、框：红雪松
门槛：红雪松
踢脚

选用平开门时，由于门框的剖面总是露在外面，需要考虑是否使用镀铝锌钢板或不锈钢等材料进行卷绕保护。门板下面的横梁有时也要包住，但为了不破坏外观，在这里用防水油涂装保护

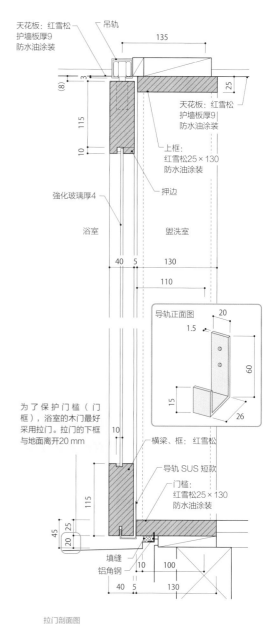

拉门剖面图

天花板：红雪松 护墙板厚9 防水油涂装
吊轨
天花板：红雪松 护墙板厚9 防水油涂装
上框：红雪松25×130 防水油涂装
押边
强化玻璃厚4
浴室　盥洗室

导轨正面图

为了保护门槛（门框），浴室的木门最好采用拉门。拉门的下框与地面离开20 mm

横梁、框：红雪松
导轨 SUS 短款
门槛：红雪松25×130 防水油涂装
填缝
铝角钢

采用平开门时，在门槛上卷绕钣金。

A-4 设计、案例说明、摄影：RIOTA DESIGN

如何使浴室富于变化？

A-1 设置纵长形浴室

由于建筑用地的制约，浴室空间不能自由布置时，将浴缸旋转方向也是一个解决办法。下图住宅处于宽约 3.7 m，深约 14 m 的鳗鱼状建筑用地上，建筑物只能建成细长状，浴室也采用了纵长形。

两侧墙壁为强调进深采用黑色条纹面砖，正面的墙壁采用白色面砖降低压迫感。为使浴室与盥洗室的空间更加流畅，浴室的高差做到最小值 15 mm，不设门槛。

浴室门 剖面图

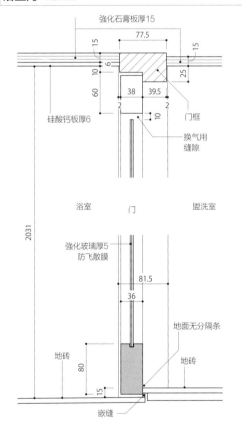

从盥洗室看浴室。浴室里侧天花板上折，嵌入照明，光从顶部照射，消除空间狭小的感觉。

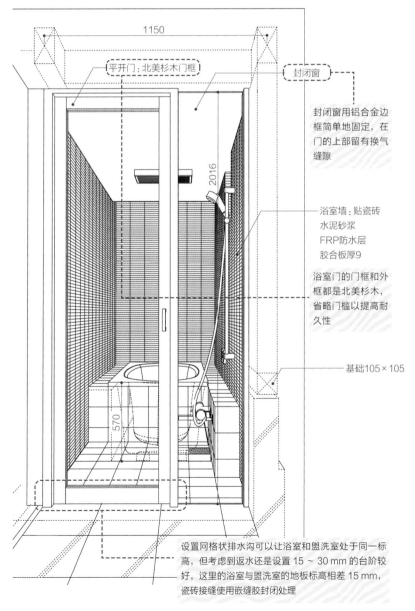

封闭窗用铝合金边框简单地固定，在门的上部留有换气缝隙

浴室墙：贴瓷砖
水泥砂浆
FRP防水层
胶合板厚9

浴室门的门框和外框都是北美杉木，省略门槛以提高耐久性

基础105×105

设置网格状排水沟可以让浴室和盥洗室处于同一标高，但考虑到返水还是设置 15 ~ 30 mm 的台阶较好，这里的浴室与盥洗室的地板标高相差 15 mm，瓷砖接缝使用嵌缝胶封闭处理

A-1 设计、案例说明：神成建筑设计事务所　摄影：筱泽裕

A-2 将浴缸嵌入地面

下图住宅为使视线从盥洗室延伸到卧室，在 1 楼设置了玻璃浴室。降低基础的底盘，将浴缸嵌入地面，建成像游泳池一样的浴室。

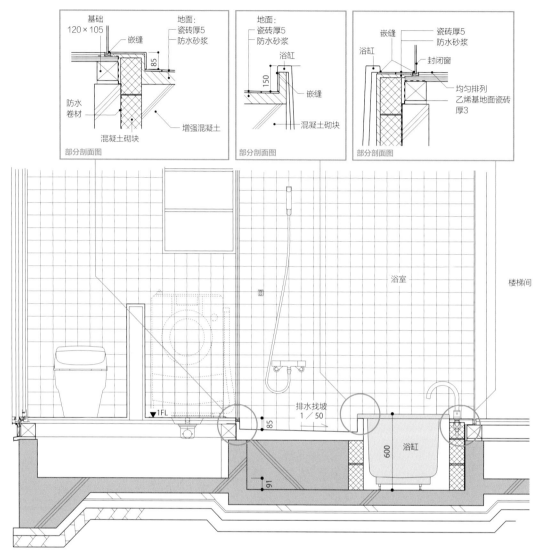

剖面图

平面图

从卧室看楼梯、浴室。
浴缸下沉，视线流畅。

A-2 设计、解说：HAK 有限公司　摄影：泽田健

A-3 混凝土浴缸与筏式基础浇筑为一体

下图案例的无边框浴缸与地表融为一体，从淋浴区到浴缸的饰面也非常连贯。为了保温，淋浴区到浴缸的保温材也是连续铺设，并预留了套管用来安装热水管。

用防水混凝土浇筑出地面、浴缸、墙根，以确保防水性能。防水混凝土下面设置FRP防水涂膜层，为防止混凝土下面浸水，内侧的防水层也考虑了排水设计

混凝土浴池用防水混凝土防水，而且在其下面又做FRP防水层进行二次防水

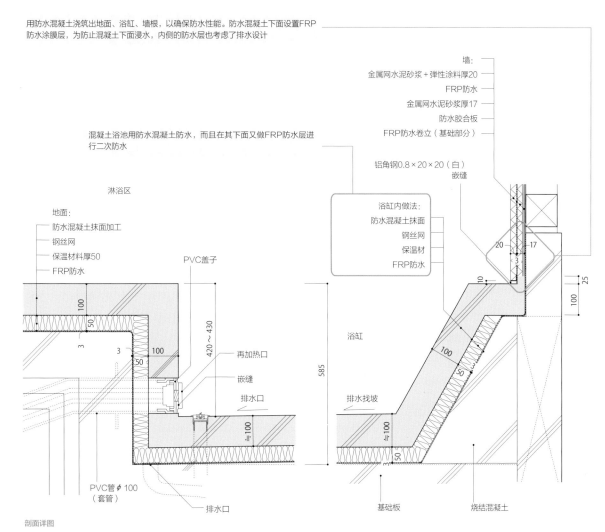

墙：
金属网水泥砂浆 + 弹性涂料厚20
FRP防水
金属网水泥砂浆厚17
防水胶合板
FRP防水卷立（基础部分）

铝角钢0.8×20×20（白）
嵌缝

浴缸内做法：
防水混凝土抹面
钢丝网
保温材
FRP防水

淋浴区

地面：
防水混凝土抹面加工
钢丝网
保温材料厚50
FRP防水

PVC盖子

浴缸

再加热口

嵌缝

排水口

排水找坡

PVC管 φ100
（套管）

排水口

基础板

烧结混凝土

剖面详图

浴室全景，地面上无边框，无接缝。与成品浴缸相比，需要使用更多的热水，所以需要事先与业主说明，对方进行充分探讨。

A-3 设计、案例说明：石井秀树建筑设计事务所　摄影：鸟村钢一

如何避免半整体浴室（Half unit bathroom）发生各种问题?

A-1 做好木板防霉、防老化的对策

半整体浴室的墙和天花板设计可以自由决定，而且比传统浴室成本低，施工难度低，防水性能好。在下图住宅中，从天花板到墙壁，用北美杉木护墙板贴面，考虑到霉菌和老化，溅水较多的墙壁下部贴了 50 mm×50 mm 的瓷砖，并且确保墙内通风。

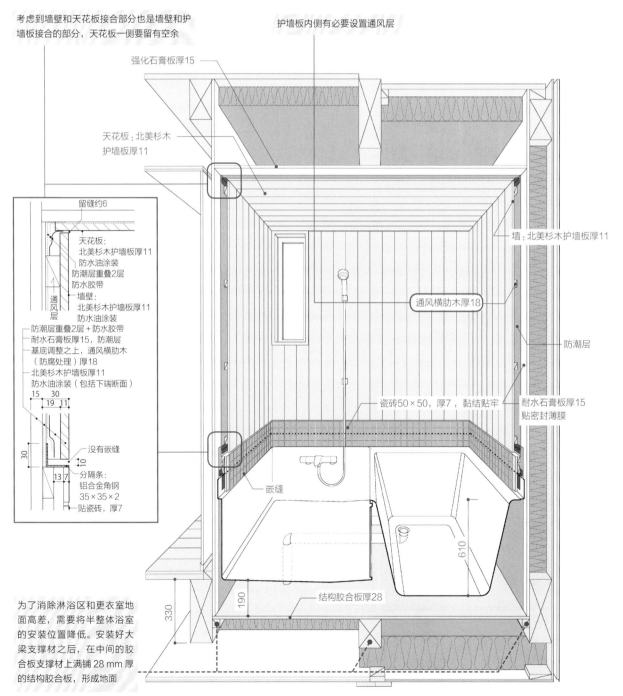

考虑到墙壁和天花板接合部分也是墙壁和护墙板接合的部分，天花板一侧要留有空余

护墙板内侧有必要设置通风层

强化石膏板厚15

天花板：北美杉木护墙板厚11

留缝约6

天花板：
北美杉木护墙板厚11
防水油涂装
防潮层重叠2层
防水胶带

墙壁：
北美杉木护墙板厚11
防水油涂装

防潮层重叠2层＋防水胶带
耐水石膏板厚15，防潮层
基底调整之上，通风横肋木（防腐处理）厚18
北美杉木护墙板厚11
防水油涂装（包括下端断面）

15 30
19 11

30

10

13 7

没有嵌缝

分隔条：
铝合金角钢
35×35×2

贴瓷砖，厚7

墙：北美杉木护墙板厚11

通风横肋木厚18

防潮层

瓷砖50×50，厚7，黏结贴牢

耐水石膏板厚15
贴密封薄膜

嵌缝

610

330

190

结构胶合板厚28

为了消除淋浴区和更衣室地面高差，需要将半整体浴室的安装位置降低。安装好大梁支撑材之后，在中间的胶合板支撑材上满铺 28 mm 厚的结构胶合板，形成地面

A-1 设计、案例说明：RIOTA DESIGN

A-2 设置木制门框，形成木门的开口

　　浴室设置门窗开口，不仅可以采光、通风，还能取得扩大空间的效果。尤其是浴室面对中庭时，最好可以设计成开放型浴室。但是，在半整体浴室中，不能紧挨着浴缸边缘设置窗户。下图案例在浴缸上端 150 mm 处设置窗户。

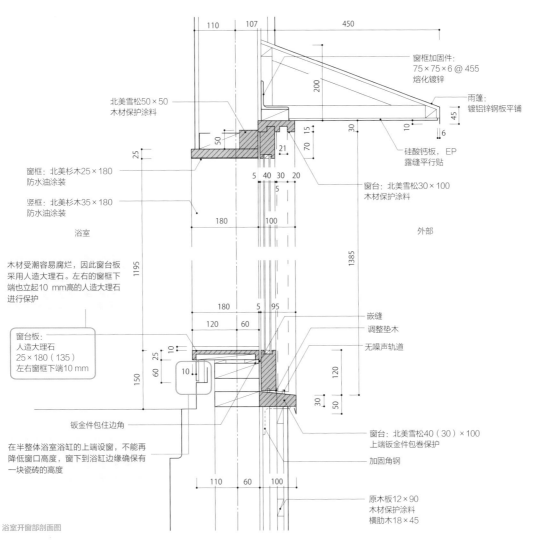

窗框加固件：
75×75×6 @ 455
熔化镀锌

雨篷：
镀铝锌钢板平铺

北美雪松50×50
木材保护涂料

硅酸钙板，EP
露缝平行贴

窗框：北美杉木25×180
防水油涂装

竖框：北美杉木35×180
防水油涂装

浴室

窗台：北美雪松30×100
木材保护涂料

外部

木材受潮容易腐烂，因此窗台板采用人造大理石。左右的窗框下端也立起10 mm高的人造大理石进行保护

窗台板：
人造大理石
25×180（135）
左右窗框下端10 mm

嵌缝

调整垫木

无噪声轨道

钣金件包住边角

在半整体浴室浴缸的上端设窗，不能再降低窗口高度，窗下到浴缸边缘确保有一块瓷砖的高度

窗台：北美雪松40（30）×100
上端钣金件包卷保护

加固角钢

原木板12×90
木材保护涂料
横肋木18×45

浴室开窗部剖面图

左：如没有防火限制的话，也可以选择木门窗。图示案例通过隐藏木窗的上下框，节省成本。
右：门框的左右两侧的下端做了 10 mm 左右的人造大理石贴面，保护易腐烂的木质部分。

A-2 设计、案例说明、摄影：RIOTA DESIGN　照片（左）：新泽一平

A-3 将浴室设置在楼上的两种方法

在楼上设置整体浴室或半整体浴室时，为使浴室的入口和更衣室地面标高处于同一水平面，需要注意调整地面和梁的高度。在这里重点介绍在楼层面设置和用钢制支台支撑整体浴室的方法。

① 在楼层面设置

在楼层上直接设置时，在梁上设置支撑材，再架设厚结构胶合板作为楼板。或者在整体浴室底部的正下方设置支撑梁。提高整体浴室四周的梁高，才能保证上述材料的位置低于周围的梁

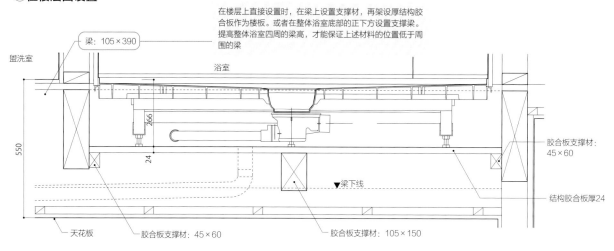

梁：105×390
盥洗室
浴室
266
550
24
胶合板支撑材：45×60
▼梁下线
结构胶合板厚24
天花板
胶合板支撑材：45×60
胶合板支撑材：105×150

② 钢制悬挂平台支撑整体浴室

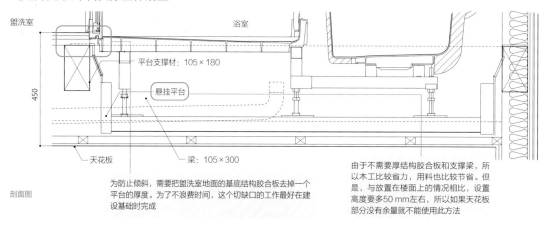

盥洗室
浴室
平台支撑材：105×180
450
悬挂平台
天花板
梁：105×300
剖面图

为防止倾斜，需要把盥洗室地面的基底结构胶合板去掉一个平台的厚度。为了不浪费时间，这个切缺口的工作最好在建设基础时完成

由于不需要厚结构胶合板和支撑梁，所以木工比较省力，用料也比较节省。但是，与放置在楼面上的情况相比，设置高度要多50 mm左右，所以如果天花板部分没有余量就不能使用此方法

用悬挂平台支撑的半整体浴室，虽然所需的空间大，但施工比较省力。平台的尺寸和安装方法根据厂家的不同会有所差异，应事先确认。

A-3 设计、案例说明、摄影：TKO-M.architects 冈村裕次

第四章

玄关

如何在高处设置玄关？

将室外钢楼梯与建筑主体分离

在湖边或是有高差的建筑用地，需要将玄关设置得比较高。

下图案例中卧室和儿童房的一半在地下，因此将 1 楼的地面高度设置在比基地高 1350 mm 的位置，门廊的地面高度则比基地高 1300 mm。同时，设置了通向玄关的外部楼梯。

这种情况通常用钢筋混凝土外部楼梯。为使雨水通过屋顶的檐边落到地面，同时消解楼梯本身的存在感，采用钢格板作为楼梯的踏面。

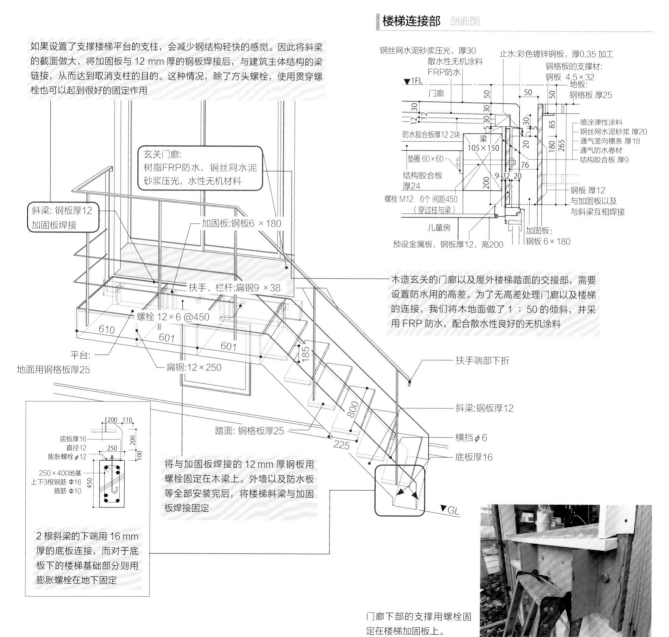

如果设置了支撑楼梯平台的支柱，会减少钢结构轻快的感觉。因此将斜梁的截面做大，将加固板与 12 mm 厚的钢板焊接后，与建筑主体结构的梁链接，从而达到取消支柱的目的。这种情况，除了方头螺栓，使用贯穿螺栓也可以起到很好的固定作用

玄关门廊：
树脂FRP防水，钢丝网水泥砂浆压光，水性无机材料

斜梁：钢板厚12 加固板焊接

加固板：钢板6×180

扶手、栏杆：扁钢9×38

螺栓 12×6 @450

610   601   601

平台：
地面用钢格板厚25

扁钢：12×250

底板厚16 直径12 膨胀螺栓φ12

250×400地基 上下3根钢筋 Φ16 箍筋 Φ10

将与加固板焊接的 12 mm 厚钢板用螺栓固定在木梁上。外墙以及防水板等全部安装完后，将楼梯斜梁与加固板焊接固定

2 根斜梁的下端用 16 mm 厚的底板连接，而对于底板下的楼梯基础部分则用膨胀螺栓在地下固定

楼梯连接部 剖面图

钢丝网水泥砂浆压光，厚30 散水性无机涂料 FRP防水

止水：彩色镀锌钢板，厚0.35 加工
钢格板的支撑材：钢板 4.5×32
钢格板 厚25

▽1FL
门廊

地板

防水胶合板厚12 2块

梁 105×150

垫圈 60×60

结构胶合板厚24

螺栓 M12 6个间距450 （穿过柱与梁）

儿童房

预设金属板，钢板厚12，高200

喷涂弹性涂料
钢丝网水泥砂浆 厚20
通气竖向檩条 厚18
通气防水卷材
结构胶合板 厚9

钢板 厚12 与加固板以及与斜梁互相焊接

加固板：钢板 6×180

木造玄关的门廊以及屋外楼梯踏面的交接部，需要设置防水用的高差。为了无高差处理门廊以及楼梯的连接，我们将木地面做了 1：50 的倾斜，并采用 FRP 防水，配合散水性良好的无机涂料

扶手端部下折

斜梁：钢板厚12

横挡φ6

底板厚16

踏面：钢格板厚25

▽GL

门廊下部的支撑用螺栓固定在楼梯加固板上。

A-1 设计、案例说明、摄影：水石浩太建筑设计室

楼梯连接部 平面图

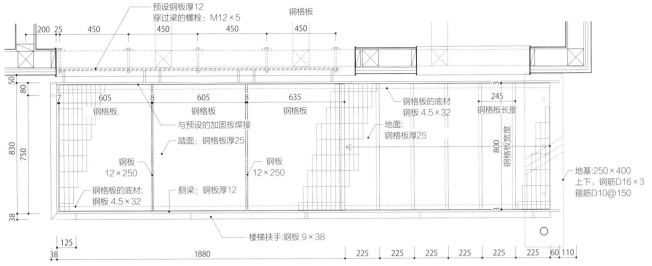

预设钢板厚12
穿过梁的螺栓：M12×5

钢格板

200 25 | 450 | 450 | 450 | 450

50
80

7 | 605 | 8 | 605 | 8 | 635

钢格板   钢格板   钢格板

钢格板的底材
钢板 4.5×32

地面：
钢格板厚25

3

245
钢格板长度

与预设的加固板焊接

830
750

踏面：钢格板厚25

钢板
12×250

钢板
12×250

800

钢格板宽度

钢格板的底材：
钢板 4.5×32

侧梁：钢板厚12

地基：250×400
上下，钢筋D16×3
箍筋D10@150

38

楼梯扶手：钢板 9×38

125

38 | 1880 | 225 | 225 | 225 | 225 | 225 | 225 | 60 110

楼梯连接部 剖面图

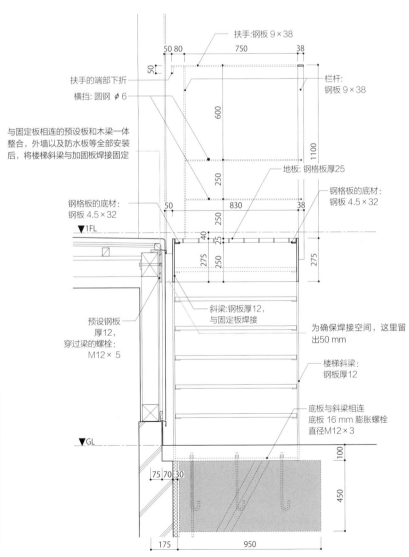

扶手：钢板 9×38

扶手的端部下折

50 80 | 750 | 38

50

栏杆：
钢板 9×38

横挡：圆钢 φ6

600

与固定板相连的预设板和木梁一体
整合，外墙以及防水板等全部安装
后，将楼梯斜梁与加固板焊接固定

1100

250

地板：钢格板厚25

钢格板的底材：
钢板 4.5×32

钢格板的底材：
钢板 4.5×32

50

830 | 38

250

▼1FL

预设钢板
厚12，
穿过梁的螺栓：
M12×5

40
25

250

275
250

斜梁：钢板厚12，
与固定板焊接

275

为确保焊接空间，这里留
出50 mm

楼梯斜梁：
钢板厚12

底板与斜梁相连
底板 16 mm 膨胀螺栓
直径M12×3

▼GL

75 70 30

100

175 | 950

450

钢结构楼梯比混凝土楼梯更加轻快。

各房间及门窗

楼梯

浴室

玄关

阳台和露台

屋顶、雨篷、屋檐吊顶

建筑的形状

A-2 设置混凝土楼梯处理高差

下图住宅位于平坦的建筑用地之上。因为周围有水渠，所以将1楼的室内地面抬高到比地基高800 mm的位置。同时，在外部设置混凝土楼梯以消除高差。

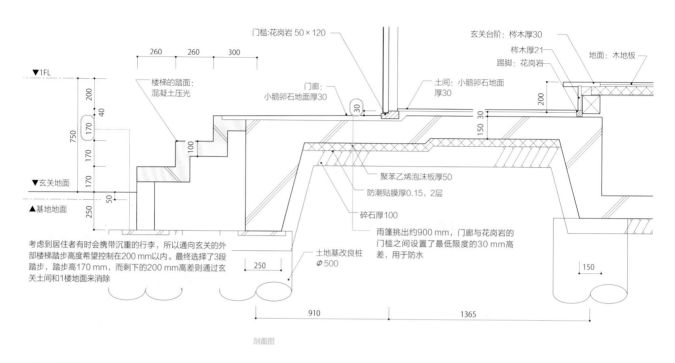

门槛:花岗岩 50×120

玄关台阶: 栌木厚30

栌木厚21

地面: 木地板

楼梯的踏面:
混凝土压光

门廊:
小鹅卵石地面厚30

土间: 小鹅卵石地面
厚30

踢脚: 花岗岩

▼1FL

200

40

170

750

170

100

170

▼玄关地面

50

▲基地地面

250

260 260 300

30

150 30

200

聚苯乙烯泡沫板厚50

防潮贴膜厚0.15, 2层

碎石厚100

考虑到居住者有时会携带沉重的行李，所以通向玄关的外部楼梯踏步高度希望控制在200 mm以内。最终选择了3段踏步，踏步高170 mm，而剩下的200 mm高差则通过玄关土间和1楼地面来消除

土地基改良桩
φ 500

250

雨篷挑出约900 mm，门廊与花岗岩的门槛之间设置了最低限度的30 mm高差，用于防水

150

910 1365

剖面图

楼梯的两端各挑出约200 mm，使笨重的混凝土楼梯看上去更加轻盈。

A-2 设计、案例说明、摄影：神家昭雄建筑研究室

A-3 在挡土墙上设置楼板作为通道

浴室采用木门窗时，最大的问题是如何防止木材腐坏。用拉门的话不仅利于通风，而且门框的下部也可以得到保护。如果一定要采用平开门的话，则应该考虑用金属构件包住木头来防止木材腐坏。

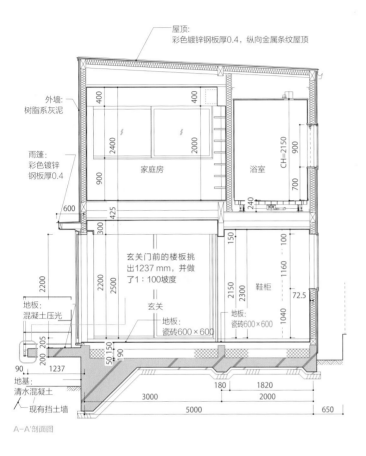

屋顶:
彩色镀锌钢板厚0.4，纵向金属条纹屋顶

外墙:
树脂系灰泥

雨篷:
彩色镀锌钢板厚0.4

家庭房
CH=2150
浴室

玄关门前的楼板挑出1237mm，并做了1:100坡度

鞋柜

地板:
混凝土压光

玄关

地板:
瓷砖600×600

地板:
瓷砖600×600

地基:
清水混凝土

现有挡土墙

A-A'剖面图

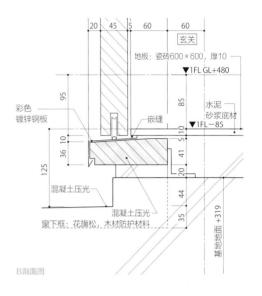

玄关

地板:瓷砖600×600，厚10
▼1FL GL+480

水泥砂浆底材
▼1FL-85

彩色镀锌钢板

嵌缝

混凝土压光

混凝土压光

窗下框:花旗松，木材防护材料

基地地面+319

B剖面图

交界线

通道

客厅、餐厅

停车场

厨房

收纳

玄关

鞋柜

邻地交界线

平面图

11830

沿着通道的三扇木门都是拉门。最左边的通向玄关，其他两扇直接通向客厅、餐厅。

A-3 设计、案例说明：向山建筑设计事务所 摄影：藤井浩司（Nacasa & Partners）

如何利用玄关来解决场地高差？

 在玄关内设置楼梯来处理高差

建筑用地比周围道路高的情况，通常用室外楼梯或坡道来解决高差的问题。而携带行李攀爬楼梯或坡道，对于高龄老人来说尤其危险。

下图住宅采用无障碍设计。根据周围道路调整了玄关的高度，为了能够消除用地高差，将楼梯设置在室内，居住者可以安全平稳地抵达室内。由于玄关的位置低于木结构基础的上端，地基的形状以及木造的架构会变得略微复杂。但这仍然是一种可以应对多种用地高差的有效手法。

玄关 平面图

楼梯连接部 剖面图

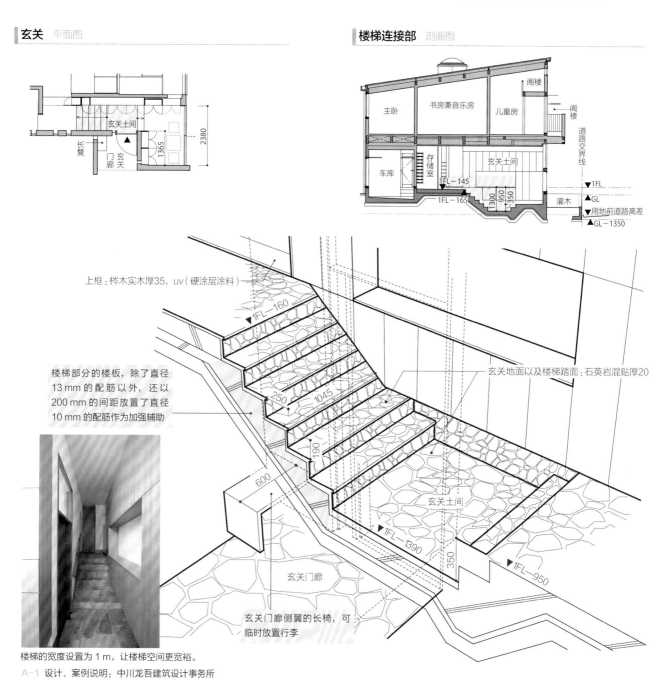

上框：栲木实木厚35，uv（硬涂层涂料）

楼梯部分的楼板，除了直径13 mm的配筋以外，还以200 mm的间距放置了直径10 mm的配筋作为加强辅助

玄关地面以及楼梯踏面：石英岩混贴厚20

玄关门廊侧翼的长椅，可临时放置行李

楼梯的宽度设置为1 m，让楼梯空间更宽裕。

A-1 设计、案例说明：中川龙吾建筑设计事务所

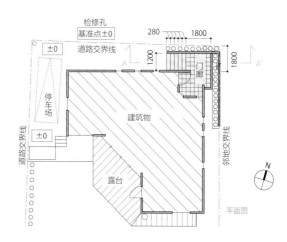

A-2 用外部楼梯来处理高差

下图住宅坐落于南北约 60 cm 高差的用地上。抬高较低一侧的地基，并用外部楼梯解决高差。

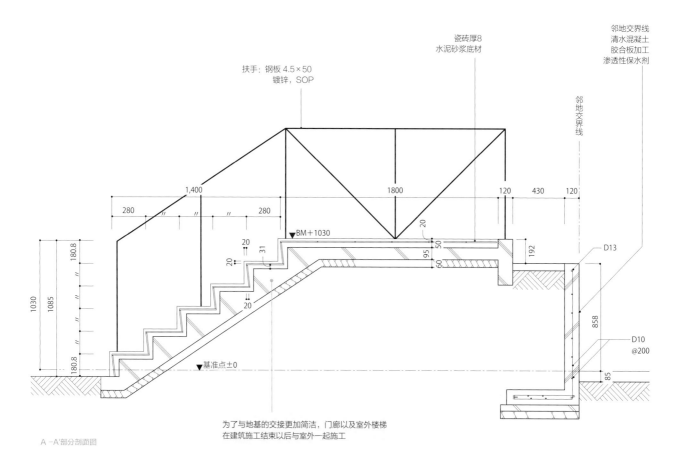

扶手：钢板 4.5×50
镀锌，SOP

瓷砖厚8
水泥砂浆底材

邻地交界线
清水混凝土
胶合板加工
渗透性保水剂

邻地交界线

BM＋1030

基准点±0

D13

D10
@200

1,400

1800

120 430 120

280 280

1800

192

858

85

180.8

1030 1085

180.8

180.8

20 31

20

20

20 50 95 60

A－A'部分剖面图

为了与地基的交接更加简洁，门廊以及室外楼梯
在建筑施工结束以后与室外一起施工

建筑与外部楼梯北侧外观。
上 6 节台阶，到达门廊。

A-2 设计、案例说明、摄影：斋部功

检修孔
基准点±0

道路交界线

停车场

±0

±0

建筑物

露台

门廊

280 1800

1200

1800

邻地交界线

道路交界线

N

平面图

A-3 延长通道，减缓坡度

下图住宅坐落于东西约有 3 m 高差的用地上，两代人共同居住。用地东西两侧分别设置玄关。西侧道路的南北方向倾斜，因此在考虑到无障碍设计的前提下，设置了缓坡。

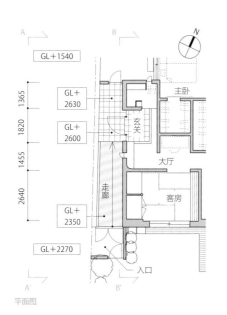

平面图

A-A'立面图

用平缓的坡道来解决高差问题

B-B'立面图

西侧玄关的坡道。虽然坡道较长，约 5 m，但是有着 1.5 m 挑出的雨篷，所以雨天也不用担心被淋湿。

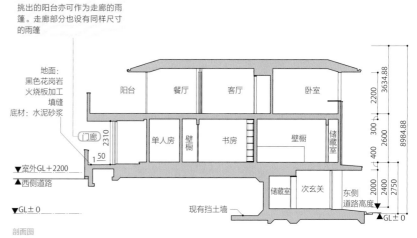

挑出的阳台亦可作为走廊的雨篷。走廊部分也设有同样尺寸的雨篷

剖面图

A-3 设计、案例说明：结设计　摄影：斋部功

如何平坦地连接门廊和玄关？

A-1 保持道路至玄关的平坦

建筑用地比周边道路高的情况也可以在通道、门廊以及玄关土间之间进行无障碍设计。

下图住宅位于比道路高 2 m 左右的用地上。通过在地下设置玄关实现了无障碍设计。并且在地下层设置了通向 2 楼的电梯。

考虑到暴雨集中时有可能屋内渗水，便在道路与住宅门廊之间设置了排水槽，并在其上安置钢格板。

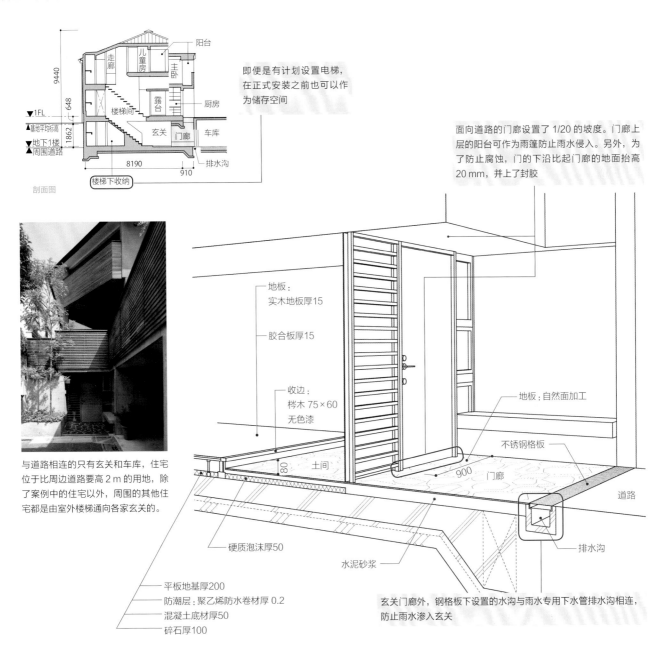

剖面图

即便是有计划设置电梯，在正式安装之前也可以作为储存空间

面向道路的门廊设置了 1/20 的坡度。门廊上层的阳台可作为雨篷防止雨水侵入。另外，为了防止腐蚀，门的下沿比起门廊的地面抬高 20 mm，并上了封胶。

与道路相连的只有玄关和车库，住宅位于比周边道路要高 2 m 的用地，除了案例中的住宅以外，周围的其他住宅都是由室外楼梯通向各家玄关的。

地板：
实木地板厚15

胶合板厚15

收边
椴木 75×60
无色漆

地板：自然面加工

不锈钢格板

土间

80

900 门廊

道路

硬质泡沫厚50

水泥砂浆

排水沟

平板地基厚200
防潮层：聚乙烯防水卷材厚 0.2
混凝土底材厚50
碎石厚100

玄关门廊外，钢格板下设置的水沟与雨水专用下水管排水沟相连，防止雨水渗入玄关

A-1 设计、案例说明：结设计　摄影：斋部功

A-2 设置兼作玄关的大土间

　　下图用地被分割成3块，住宅建在最深处。东西侧用地很紧张，采用南北向采光及通风的策略。由于道路在南面，所以将玄关的东西方向开间扩大。将玄关土间面向起居室和餐厅。

打开玄关土间的木制门，便可与邻接的露台相连，呈现出室内外一体的空间效果。

邻地交界线

木制百叶

地面：水泥砂浆
压光后涂强化剂

庭院
地面：水泥砂浆
压光后涂强化剂

露台土间

储藏室

玄关
土间

起居室
餐厅

移动土间的木门，
可以将玄关与露台
相连。客用玄关在
东侧，通过隐藏在
木制百叶后的门进
入室内

过道

门廊

鞋柜　邻地交界线

玄关平面图

1660 1540 1540 1660

1820 　910

N

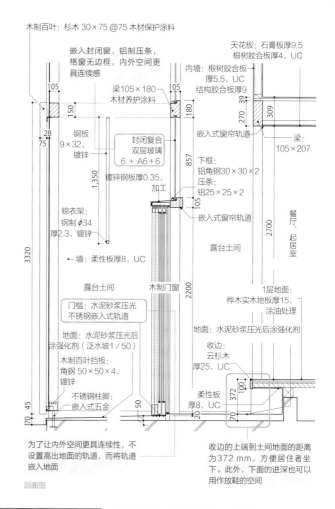

木制百叶：杉木 30×75 @75 木材保护涂料

嵌入封闭窗，铝制压条，
格窗无边框，内外空间更
具连续感

天花板：石膏板厚9.5
椴树胶合板厚4，UC

105　梁105×180
木材养护涂料　105

内墙：椴树胶合板
厚5.5，UC
结构胶合板厚9

150　　180

28　钢板
75　9×32，
镀锌

封闭复合
双层玻璃
6 + A6 + 6

270　309

嵌入式窗帘轨道

梁：
105×207

1,350

镀锌钢板厚0.35，
加工

下框：
铝角钢30×30×2
压条：
铝25×25×2

857

晾衣架：
钢制φ34
厚2.3，镀锌

105

嵌入式窗帘轨道

餐厅、起居室

墙：柔性板厚8，UC

露台土间

2700

3320

露台土间

木制门窗

2200

1层地面：
桦木实木地板厚15，
涂油处理

门槛：水泥砂浆压光
不锈钢嵌入式轨道

地面：水泥砂浆压光后
涂强化剂（泛水坡1/50）

地面：水泥砂浆压光后涂强化剂

收边：
云杉木
厚25，UC

100

木制百叶挡板：
角钢50×50×4，
镀锌

不锈钢柱脚：
嵌入式五金

372

柔性板
厚8，UC

70 45　　50　20　70

剖面图

为了让内外空间更具连续性，不
设置高出地面的轨道，而将轨道
嵌入地面

收边的上端与土间地面的距离
为372 mm，方便居住者坐
下。此外，下面的进深也可以
用作放鞋的空间

建筑外观。被百叶围合的空间是露台

客户希望有一个能够和宠物一起共用
的空间，所以将玄关土间与半屋外的
露台相连接。

A-2 设计、案例说明、摄影：水石浩太建筑设计室

A-3 将高差降到最低限度，无缝安全连接

考虑到轮椅或者婴儿车会通过，将门廊和玄关土间的交界处的高差控制到最小。

另外，还必须考虑防止冷热气流以及雨水进入的问题。这个住宅针对以上两点采取了相应的解决对策。

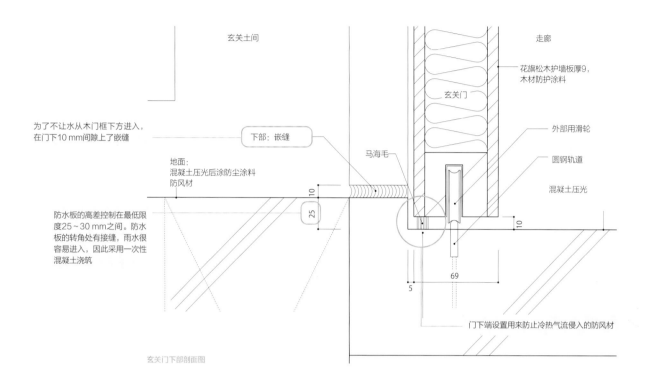

玄关土间

为了不让水从木门框下方进入，在门下10 mm间隙上了嵌缝

下部：嵌缝

地面：
混凝土压光后涂防尘涂料
防风材

防水板的高差控制在最低限度25～30 mm之间。防水板的转角处有接缝，雨水很容易进入，因此采用一次性混凝土浇筑

马海毛

走廊

花旗松木护墙板厚9，
木材防护涂料

玄关门

外部用滑轮

圆钢轨道

混凝土压光

10

25

10

5

69

门下端设置用来防止冷热气流侵入的防风材

玄关门下部剖面图

25 mm 的高差，将挡水板的高度做到最小，门廊与土间连接。排水的钢格板以及大挑出的雨篷也是防止雨水侵入的有效对策。

A-3 设计、案例说明：石井秀树建筑设计事务所 摄影：鸟村钢一

玄关台阶的收边有哪些类型？

A-1 230 mm 是土间和地面的标准高差

从出入的便利性以及防止室外沙石和灰尘进入室内等方面去考虑的话，玄关土间和地面的高差设计参考标准为190～240 mm。除了做收边，用普通的地板也可以。本案

例的设计事务所通常选择将平板地基的底盘及玄关土间都处理成相同高度，而玄关部分加厚混凝土后做泛水找坡。由于加厚了混凝土，地面也可以加工成砂石效果等。

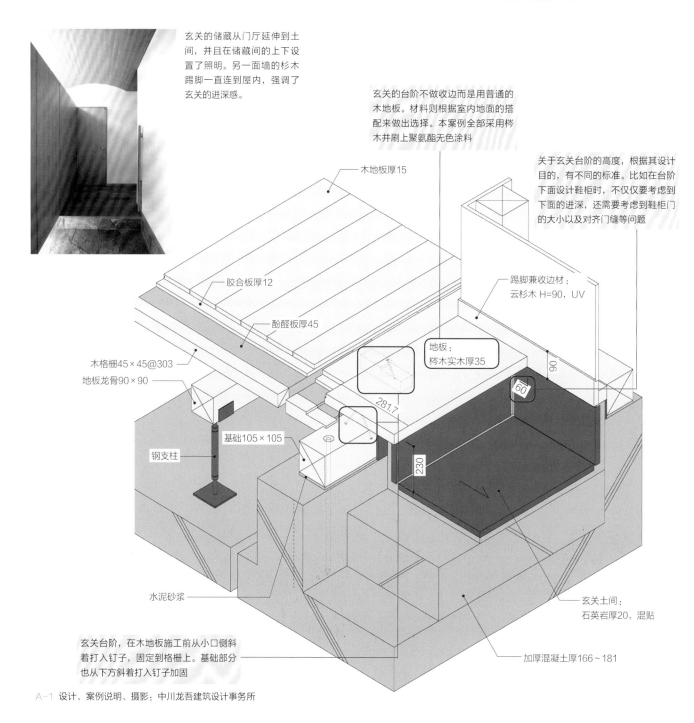

玄关的储藏从门厅延伸到土间，并且在储藏间的上下设置了照明。另一面墙的杉木踢脚一直连到屋内，强调了玄关的进深感。

玄关的台阶不做收边而是用普通的木地板。材料则根据室内地面的搭配来做出选择。本案例全部采用梣木并刷上聚氨酯无色涂料

关于玄关台阶的高度，根据其设计目的，有不同的标准。比如在台阶下面设计鞋柜时，不仅仅要考虑到下面的进深，还需要考虑到鞋柜门的大小以及对齐门缝等问题

木地板厚15

胶合板厚12

酚醛板厚45

木格栅45×45@303

地板龙骨90×90

踢脚兼收边材：
云杉木 H=90，UV

地板：
梣木实木厚35

281.7

90

60

基础105×105

钢支柱

230

水泥砂浆

玄关土间：
石英岩厚20，混贴

加厚混凝土厚166～181

玄关台阶，在木地板施工前从小口侧斜着打入钉子，固定到格栅上。基础部分也从下方斜着打入钉子加固

A-1 设计、案例说明、摄影：中川龙吾建筑设计事务所

A-2 让玄关台阶仿佛浮在空中

将土间和玄关台阶的高差控制在 150 mm，可以让使用者流畅地完成从进入室内到脱鞋等一系列动作。而玄关台阶下留出空间，可以使台阶看起来像浮在空中一般。

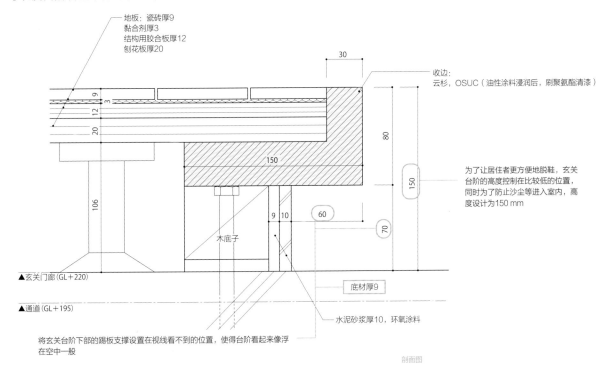

地板：瓷砖厚9
黏合剂厚3
结构用胶合板厚12
刨花板厚20

收边：
云杉，OSUC（油性涂料浸润后，刷聚氨酯清漆）

为了让居住者更方便地脱鞋，玄关台阶的高度控制在比较低的位置，同时为了防止沙尘等进入室内，高度设计为150 mm

木底子

底材厚9

▲玄关门廊(GL+220)

▲通道(GL+195)

水泥砂浆厚10，环氧涂料

将玄关台阶下部的踢板支撑设置在视线看不到的位置，使得台阶看起来像浮在空中一般

剖面图

A-3 设置两级台阶，铺设木板

玄关土间和 1 楼地面有 380 mm 的高差，在它们之间设置了两级台阶，方便居住者上下，以及穿鞋、脱鞋。

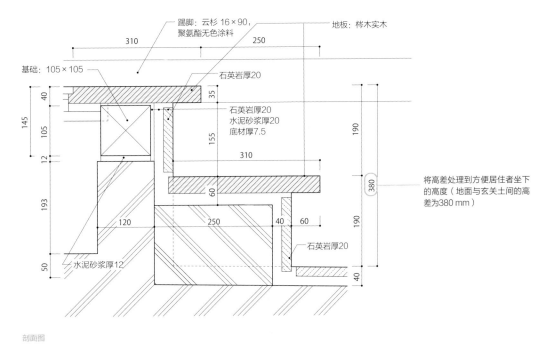

踢脚：云杉 16×90，
聚氨酯无色涂料

地板：柞木实木

基础：105×105

石英岩厚20

石英岩厚20
水泥砂浆厚20
底材厚7.5

将高差处理到方便居住者坐下的高度（地面与玄关土间的高差为380 mm）

石英岩厚20

水泥砂浆厚12

剖面图

A-2 设计、案例说明：石井秀树建筑设计事务所
A-3 设计、案例说明：中川龙吾建筑设计事务所

A-4 将高差控制到最小

下图是一个将玄关土间和地面的高差控制到最小的案例。考虑到木地板的耐久性，将高差控制在 50 mm。

如果想将高差处理得更小，可以将玄关的台阶改为石材或金属材料。

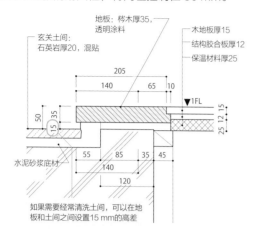

剖面图

如果需要经常清洗土间，可以在地板和土间之间设置 15 mm 的高差

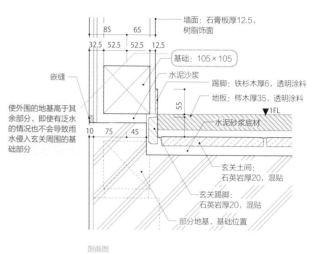

剖面图

使外围的地基高于其余部分，即使有泛水的情况也不会导致雨水侵入玄关周围的基础部分

A-5 直接出入中庭

玄关台阶的作用是划分玄关和内部空间关系以及处理高差等。但也有不设置玄关台阶的案例，比如下图中有天井的住宅。打开入口的吊门，中庭与屋内其他空间一样，都属于私密空间。

从中庭到玄关大厅之间安置了一块花岗岩，居住者可以借助它脱换鞋子，然后跨过 100 mm 的高差进入室内。

平面图

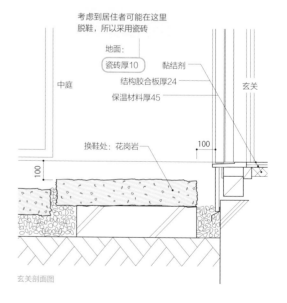

玄关剖面图

从玄关看中庭。分隔中庭与屋内的是左右大小不同的拉门。门把手则是用简洁的不锈钢角钢制作。左边照片的深处是鞋柜，鞋柜门的高度做到与吊顶平齐，同时尽量隐藏五金件，消除门的存在感。

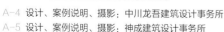

A-4 设计、案例说明、摄影：中川龙吾建筑设计事务所
A-5 设计、案例说明、摄影：神成建筑设计事务所

第五章

阳台和露台

如何做各式阳台的防水？

A-1 简单的悬挑阳台，FRP 防水

下图为悬挑阳台，采用 FRP 防水。室内设置 250 mm 高的台阶，铺设两层 FRP 防水。考虑到排水管的堵塞问题等，将排水沟上部的木地板设计为可拆卸的形式。

设计悬挑阳台时，多使用悬臂梁。但这个住宅的阳台开间与建筑的最大开间相当，如果将梁挑出的话则无法设置穿透柱。所以，选用支撑物架在梁上，再使其穿过外墙托住阳台。

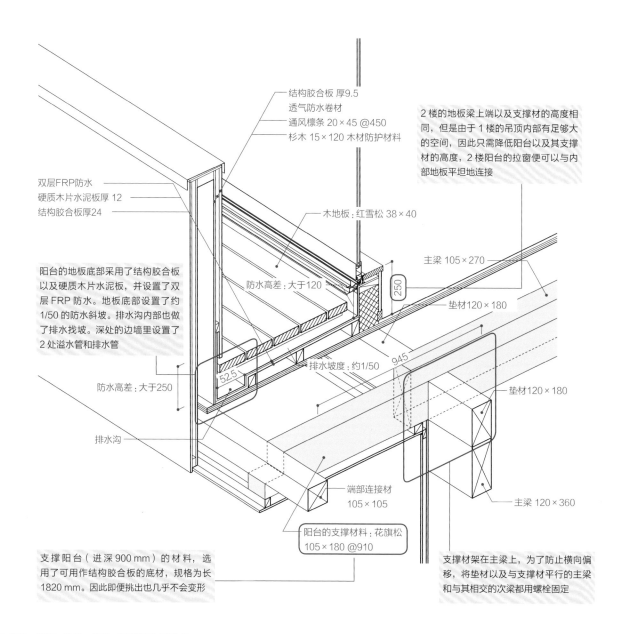

结构胶合板 厚9.5
透气防水卷材
通风襟条 20×45 @450
杉木 15×120 木材防护材料

双层FRP防水
硬质木片水泥板厚 12
结构胶合板厚24

木地板：红雪松 38×40

2 楼的地板梁上端以及支撑材的高度相同，但是由于 1 楼的吊顶内部有足够大的空间，因此只需降低阳台以及其支撑材的高度，2 楼阳台的拉窗便可以与内部地板平坦地连接

阳台的地板底部采用了结构胶合板以及硬质木片水泥板，并设置了双层 FRP 防水。地板底部设置了约 1/50 的防水斜坡。排水沟内部也做了排水找坡。深处的边墙里设置了 2 处溢水管和排水管

防水高差：大于120

主梁 105×270

250

垫材120×180

排水坡度：约1/50

945

52.5

防水高差：大于250

排水沟

垫材120×180

端部连接材
105×105

主梁 120×360

支撑阳台（进深 900 mm）的材料，选用了可用作结构胶合板的底材，规格为长 1820 mm。因此即便挑出也几乎不会变形

阳台的支撑材料：花旗松
105×180 @910

支撑材架在主梁上，为了防止横向偏移，将垫材以及与支撑材平行的主梁和与其相交的次梁都用螺栓固定

A-1 设计、案例、说明、摄影：赤沼修设计事务所

由支撑梁做补强的挑出阳台 2楼地板俯视图

将高约180 mm，用于阳台的支撑材，通过螺栓以及羽状螺栓固定在高约270 mm的梁侧面。

A-2 用防水卷材处理下层房间的阳台

下图案例中，阳台的下层是起居室和餐厅。在梁两侧设置了胶合板的支撑材，同时将阳台地板的底材位置降低，在吊顶内部确保了防水高差（H=120 mm）。由此，室内和阳台地板的高差便容易处理平齐。

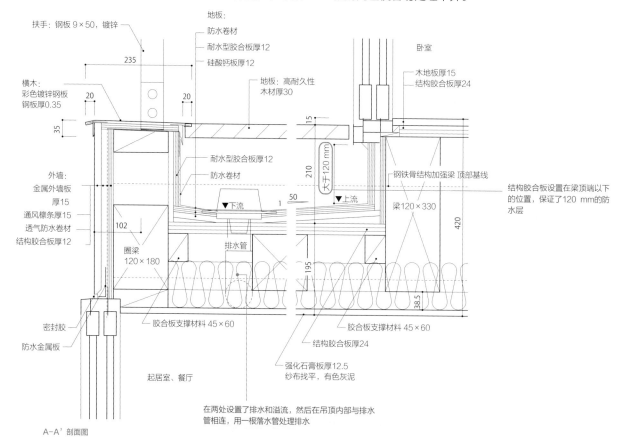

A-A' 剖面图

与卧室、浴室、楼梯间相连的异形阳台。

A-2 设计、案例说明：根来宏典建筑研究所 摄影：上田宏

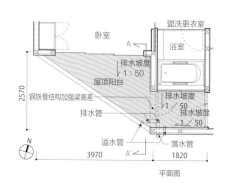

平面图

A-3 不做防水的阳台，与外墙的交接部控制到最小

外墙墙角内的阳台。设置在圈梁上的梁托支撑着阳台地面。阳台与外墙的交接部则控制在最小，从而提高防水性能。阳台呈三角形，也非常利于确保水平的刚性。

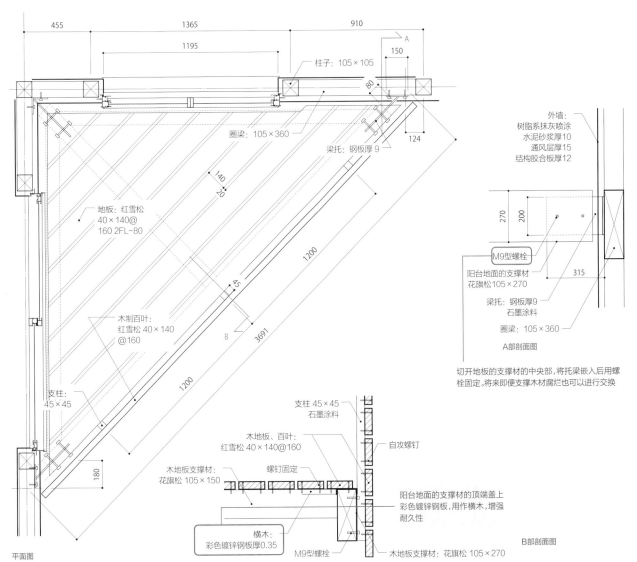

455　1195　1365　910

A—A

柱子：105×105

150

80

圈梁：105×360

梁托：钢板厚9

124

140
20

地板：红雪松
40×140@
160 2FL-80

1200

45

B　3691

1200

木制百叶：
红雪松 40×140
@160

支柱：
45×45

180

平面图

外墙：
树脂系抹灰喷涂
水泥砂浆厚10
通风层厚15
结构胶合板厚12

270　200

M9型螺栓

阳台地面的支撑材
花旗松105×270

315

梁托：钢板厚9
石墨涂料

圈梁：105×360

A部剖面图

切开地板的支撑材的中央部，将托梁嵌入后用螺栓固定。将来即便支撑木材腐烂也可以进行交换

支柱 45×45
石墨涂料

木地板、百叶：
红雪松 40×140@160

自攻螺钉

木地板支撑材：
花旗松 105×150

螺钉固定

横木：
彩色镀锌钢板厚0.35

M9型螺栓

阳台地面的支撑材的顶端盖上
彩色镀锌钢板，用作横木，增强
耐久性

木地板支撑材：花旗松 105×270

B部剖面图

交接部有 3 个梁托，除此以外没有任何其他的部件。

内墙墙角的梁托，与外墙连接部用防水胶带处理。

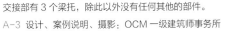

A-3 设计、案例说明、摄影：OCM 一级建筑师事务所

如何设计简洁的露台和檐廊?

A-1 用木制短柱表现日式檐廊

在有庭院的用地中一起设计庭院与檐廊。

用于檐廊的地板有扁柏、杉木、日本扁柏等耐水性强的材料。根据预算区分使用材料的部位。为了加强材料的耐久性，大幅度挑出雨篷或重檐，防止雨水淋湿等也是需要考虑的因素。

下图案例，客户希望建造一个日式和风的住宅，因此设计了一个简洁的檐廊。

檐廊的外围贴上幕板，如果被雨淋湿会变得粗糙，因此外角的部位不是选择用螺栓钉住，而是以嵌接的方式固定。

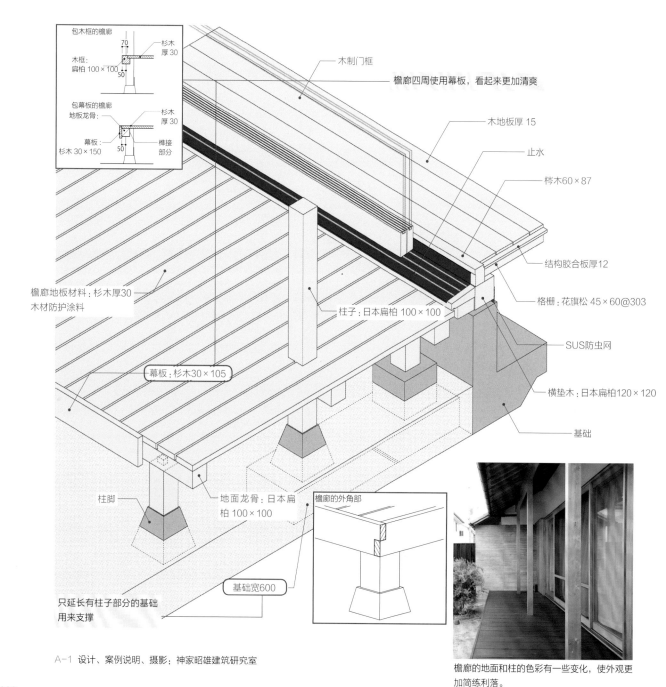

包木框的檐廊

木框：
扁柏 100×100

杉木
厚30

70

50

包幕板的檐廊
地板龙骨：

幕板：
杉木 30×150

杉木
厚30

榫接
部分

50

木制门框

檐廊四周使用幕板，看起来更加清爽

木地板厚 15

止水

梣木60×87

结构胶合板厚12

格栅：花旗松 45×60@303

SUS防虫网

横垫木：日本扁柏120×120

基础

檐廊地板材料：杉木厚30
木材防护涂料

柱子：日本扁柏 100×100

幕板：杉木30×105

柱脚

地面龙骨：日本扁柏 100×100

檐廊的外角部

基础宽600

只延长有柱子部分的基础
用来支撑

A-1 设计、案例说明、摄影：神家昭雄建筑研究室

檐廊的地面和柱的色彩有一些变化，使外观更加简练利落。

A-2 地面龙骨作为悬挑梁，支撑露台

除了少数个例以外，和风住宅中檐廊的短柱并不属于建筑结构，容易给人不自然的印象。

在这个案例当中，我们将地面龙骨作为悬挑梁来支撑地面。不仅使其成为结构本身，同时还省略了短柱。

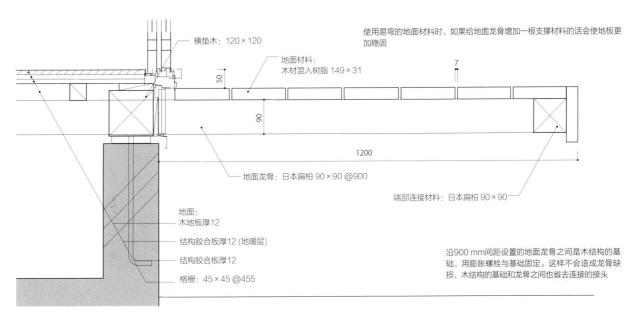

横垫木：120×120

使用易弯的地面材料时，如果给地面龙骨增加一根支撑材料的话会使地板更加稳固

地面材料：
木材混入树脂 149×31

7

50

90

1200

地面龙骨：日本扁柏 90×90 @900

端部连接材料：日本扁柏 90×90

地面：
木地板厚12

结构胶合板厚12 (地暖层)

结构胶合板厚12

格栅：45×45 @455

沿900 mm间距设置的地面龙骨之间是木结构的基础，用膨胀螺栓与基础固定。这样不会造成龙骨缺损，木结构的基础和龙骨之间也省去连接的接头

剖面图

想要悬挑边长90 mm的正方形龙骨时，悬挑的距离尽量控制在900 mm。如果想要悬挑部分更大的话，那么可以考虑增加龙骨的高度

将龙骨悬挑出来，支撑地面的短柱便可省略，檐廊的露台也看似浮在空中一般。

A-2 设计、案例说明、摄影：OCM 一级建筑师事务所

A-3 高 210 mm 的地面龙骨，可以悬挑出 1.7 m 的距离

下图住宅位于常有积雪的寒冷地区。如果用短柱的话，会影响其耐久性。因此这个檐廊没有设置短柱。

将地面龙骨的高度增加到 210 mm，不仅实现了 1.7 m 的悬挑，而且 1 层地面相对被抬高了，积雪等问题也得到了解决。

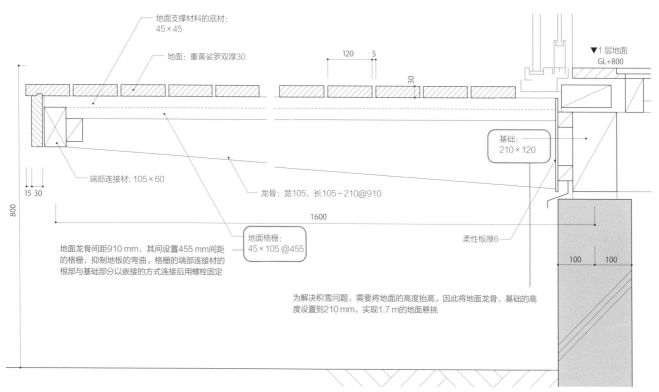

地面支撑材料的底材：45×45

地面：重黄娑罗双厚30

▼1 层地面 GL+800

端部连接材：105×60

龙骨：宽105，长105~210@910

基础：210×120

柔性板厚6

地面龙骨间距910 mm，其间设置455 mm间距的格栅，抑制地板的弯曲。格栅的端部连接材的根部与基础部分以嵌接的方式连接后用螺栓固定

地面格栅：45×105 @455

为解决积雪问题，需要将地面的高度抬高。因此将地面龙骨、基础的高度设置到210 mm，实现1.7 m的地面悬挑

剖面图

由于增加了地面龙骨的高度，实现了进深更强烈的檐廊地面。与大悬挑的屋檐呼应向室外延伸。

A-3 设计、案例说明：神成建筑计划事务所　摄影：筱泽裕

A-4 钢筋混凝土悬挑楼板，支撑露台

下图为在悬挑出基础部分之上使用木地面的案例。这种工法使土地工程以及残土处理更省力，并可以削减经费。

取消短柱，地面看上去更加整洁，而且可以阻隔下方的湿气，从而增强地板的耐久性。

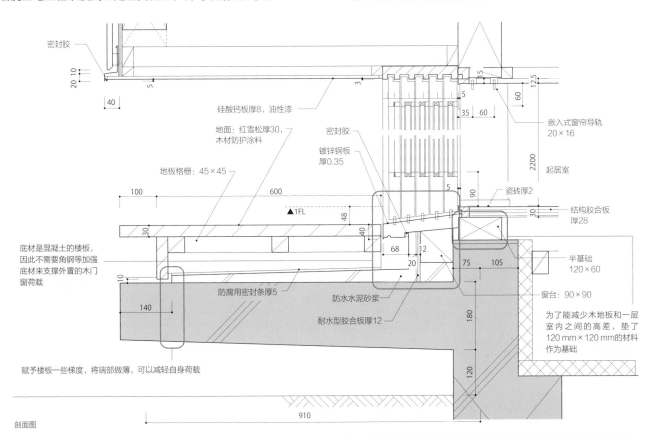

密封胶

20 10

40

硅酸钙板厚8，油性漆

地面：红雪松厚30，木材防护涂料

地板格栅：45×45

100   600

▲1FL

底材是混凝土的楼板，因此不需要角钢等加强底材来支撑外置的木门窗荷载

140

防腐用密封条厚5

赋予楼板一些梯度，将端部做薄，可以减轻自身荷载

密封胶

镀锌钢板厚0.35

防水水泥砂浆

耐水型胶合板厚12

嵌入式窗帘导轨 20×16

2200   起居室

瓷砖厚2

结构胶合板厚28

半基础 120×60

窗台：90×90

为了能减少木地板和一层室内之间的高差，垫了120 mm×120 mm的材料作为基础

910

剖面图

被笼罩在檐下的露台空间。将4扇木制拉门全移到一侧后，内外空间连成一体。

A-4 设计、案例说明：根来宏典建筑研究所   摄影：GEN INOUE

如何使阳台和室内的地面平齐?

A-1 采用双重梁，消除高差

下图案例的防水阳台结构采用悬挑梁（H=300 mm）。阳台的进深为 1600 mm。通常，如果将阳台悬挑的话，为了确保防水层的高，室内一侧会设置跨步门槛。

因此我们将与悬挑梁相交的梁（H=210 mm）搭在悬挑梁上，将地板抬高从而使跨步消失。

虽然吊顶变厚，会牺牲部分室内高度，但这仍是一个优先解决跨步问题的有效方法。

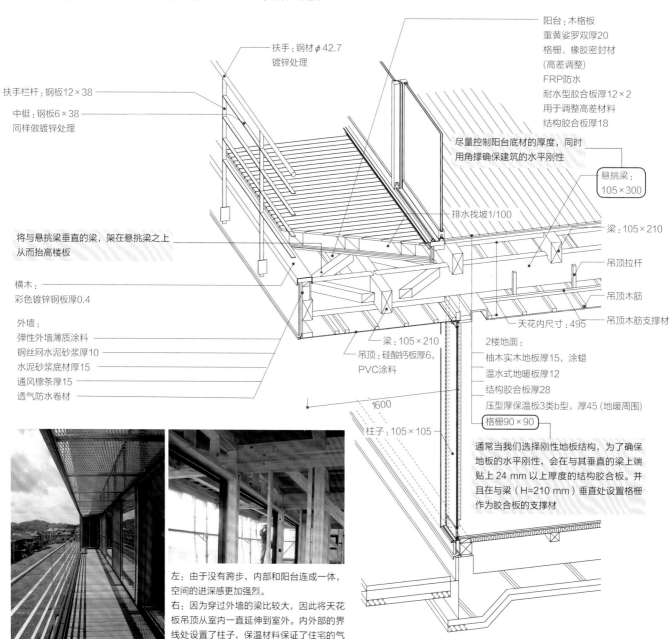

扶手：钢材 φ 42.7
镀锌处理

扶手栏杆：钢板12×38

中柱：钢板6×38
同样做镀锌处理

将与悬挑梁垂直的梁，架在悬挑梁之上
从而抬高楼板

横木：
彩色镀锌钢板厚0.4

外墙：
弹性外墙薄质涂料
钢丝网水泥砂浆厚10
水泥砂浆底材厚15
通风檩条厚15
透气防水卷材

阳台：木格板
重黄娑罗双厚20
格栅、橡胶密封材
（高差调整）
FRP防水
耐水型胶合板厚12×2
用于调整高差材料
结构胶合板厚18

尽量控制阳台底材的厚度，同时
用角撑确保建筑的水平刚性

悬挑梁：
105×300

排水找坡1/100

梁：105×210

吊顶拉杆

吊顶木筋

天花内尺寸：495

吊顶木筋支撑材

梁：105×210

吊顶：硅酸钙板厚6，
PVC涂料

2楼地面：
柚木实木地板厚15，涂蜡
温水式地暖板厚12
结构胶合板厚28
压型厚保温板3类b型，厚45（地暖周围）

格栅90×90

通常当我们选择刚性地板结构，为了确保
地板的水平刚性，会在与其垂直的梁上端
贴上24 mm 以上厚度的结构胶合板。并
且在与梁（H=210 mm）垂直处设置格栅
作为胶合板的支撑材

柱子：105×105

1600

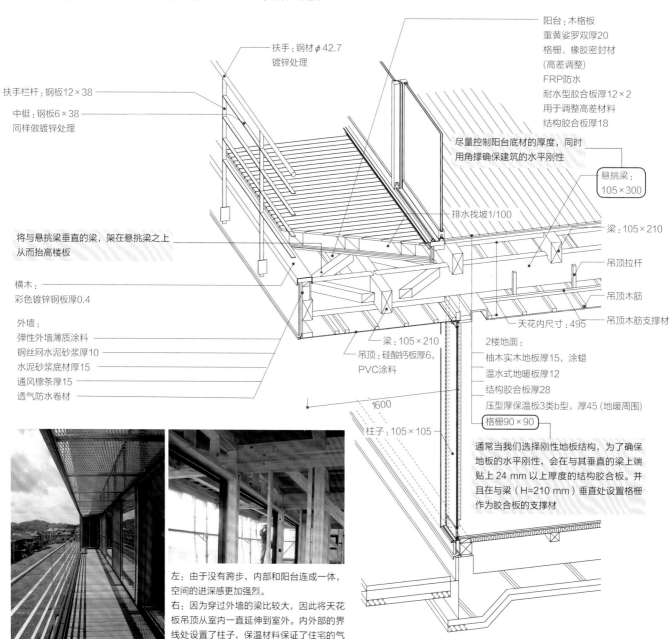

左：由于没有跨步，内部和阳台连成一体，空间的进深感更加强烈。

右：因为穿过外墙的梁比较大，因此将天花板吊顶从室内一直延伸到室外。内外部的界线处设置了柱子，保温材料保证了住宅的气密性。

A-1 设计、案例说明、摄影：TKO-M.architects 冈村裕次

A-2 利用吊顶内部空间，降低梁的位置

由于与周围的住宅离得非常近，在2楼的中央位置向南面设置了阳台（中庭），从而保证了其他房间的采光和通风。阳台的下面也有房间，因此选择在金属屋顶上设置木地板，将防水层做一体化设计。我们利用天花吊顶内部的空间，降低阳台下梁（H=240 mm）的位置，然后调整金属屋顶的高度，再将木地板的高与其他周围房间的地面高度对齐。

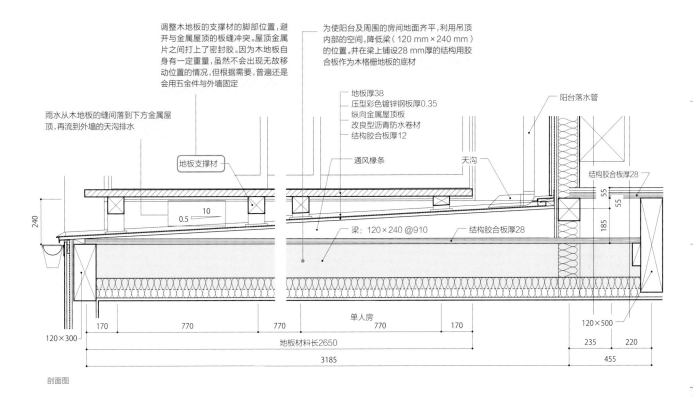

调整木地板的支撑材的脚部位置，避开与金属屋顶的板缝冲突。屋顶金属片之间打上了密封胶。因为木地板自身有一定重量，虽然不会出现无故移动位置的情况，但根据需要，普遍还是会用五金件与外墙固定

为使阳台及周围的房间地面齐平，利用吊顶内部的空间，降低梁（120 mm×240 mm）的位置。并在梁上铺设28 mm厚的结构用胶合板作为木格栅地板的底材

雨水从木地板的缝间落到下方金属屋顶，再流到外墙的天沟排水

地板支撑材

通风椽条

地板厚38
压型彩色镀锌钢板厚0.35
纵向金属屋顶板
改良型沥青防水卷材
结构胶合板厚12

阳台落水管

天沟

结构胶合板厚28

梁：120×240 @910

结构胶合板厚28

240

0.5   10

120×300

170   770   770

单人房   770   170

地板材料长2650

3185

55
55

185

120×500

235   220

455

剖面图

开间为4.5 m，室内设计了天窗，可以满足楼下房间的采光。

A-2 设计、案例说明、摄影：赤沼修设计事务所

A-3 用钢结构框架，搭建悬挑阳台

在做悬挑阳台的时候，梁的高总是不可避免地会变大，吊顶的内部空间也需要增大。因此，在下图案例中，我们没有采用悬挑梁，而是用槽钢搭建的框架作为阳台的骨架，再与上下的圈梁固定。这样一来，室内的地面和阳台地面也更加容易对齐，铁制的扶手和横木使阳台的外观看上去更加简洁。

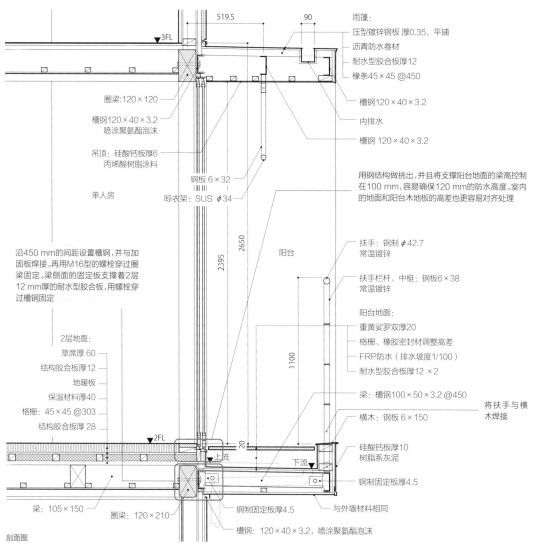

剖面图

雨篷：
压型镀锌钢板 厚0.35，平铺
沥青防水卷材
耐水型胶合板厚12
椽条45×45 @450
槽钢120×40×3.2
内排水
槽钢 120×40×3.2

用钢结构做挑出，并且将支撑阳台地面的梁高控制在100 mm，容易确保120 mm的防水高度。室内的地面和阳台木地板的高差也更容易对齐处理

圈梁:120×120
槽钢120×40×3.2
喷涂聚氨酯泡沫
吊顶：硅酸钙板厚6
丙烯酸树脂涂料
单人房
钢板 6×32
晾衣架：SUS φ34

沿450 mm的间距设置槽钢，并与加固板焊接。再用M16型的螺栓穿过圈梁固定。梁侧面的固定板支撑着2层12 mm厚的耐水型胶合板，用螺栓穿过槽钢固定

扶手：钢制 φ42.7
常温镀锌
扶手栏杆、中梃：钢板6×38
常温镀锌

阳台地面：
重黄娑罗双厚20
格栅、橡胶密封材调整高差
FRP防水（排水坡度1/100）
耐水型胶合板厚12 ×2
梁：槽钢100×50×3.2 @450

2层地面：
草席厚60
结构胶合板厚12
地暖板
保温材料厚40
格栅：45×45 @303
结构胶合板厚28

将扶手与横木焊接
横木：钢板 6×150
硅酸钙板厚10
树脂系灰泥
钢制固定板厚4.5
与外墙材料相同

梁：105×150
圈梁：120×210
钢制固定板厚4.5
槽钢：120×40×3.2，喷涂聚氨酯泡沫

阳台

2650
2395
1100
20

上流
下流

框架的悬挑部分有950 mm。我们用L型钢的支撑连接件来吊住框架的结构，而支撑连接构件则隐藏于边墙。由于阳台不直接面向道路，为了不用吊车也可完成施工，与结构设计师万田隆商榷后，尽力减轻各个构件的重量，且将框架分成更多细小的部分。

A-3 设计、案例说明、摄影：TKO-M.architects 冈村裕次

第六章

屋顶、雨篷、屋檐吊顶

如何设计大挑出的雨篷？

A-1 悬挑 600 mm 的标准雨篷

如果将雨篷的位置设计在低处，即便是悬挑的距离有限，对于遮阳、遮雨也一样有着出众的效果。

这个住宅的雨篷与墙的距离仅有 600 mm。将雨篷的高度设置在高出 1 层地面 2350 mm 的位置，不仅可以作为门窗的上框，还可以有效解决雨水侵入等问题。只将雨篷挑出 600 mm，在墙内插入椽条，仅仅用钉子固定在柱子和间柱上便有足够的强度。

箱形建筑物的中央位置插入水平延伸的雨篷，覆盖住玄关门廊的部分。将雨篷从长边一直延伸到转角，更强调了雨篷的水平。

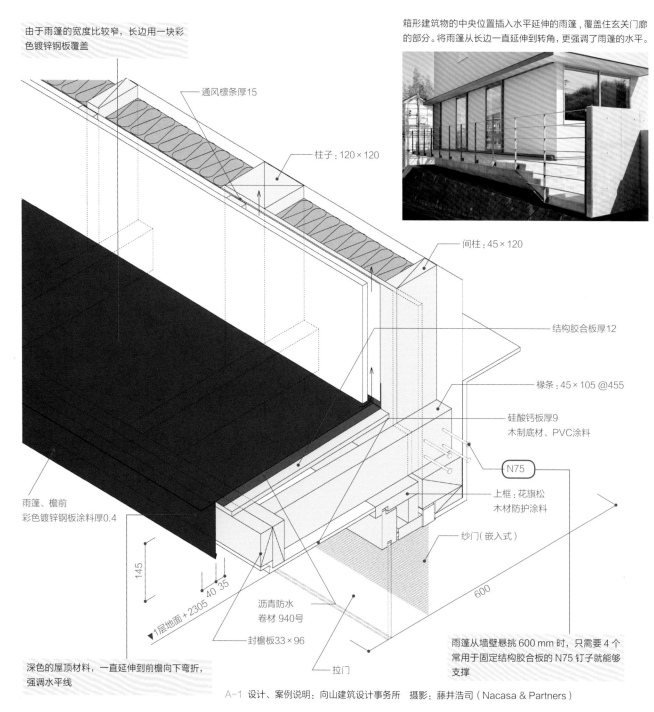

由于雨篷的宽度比较窄，长边用一块彩色镀锌钢板覆盖

通风檩条厚15

柱子：120×120

间柱：45×120

结构胶合板厚12

椽条：45×105 @455

硅酸钙板厚9
木制底材、PVC涂料

N75

上框：花旗松
木材防护涂料

纱门（嵌入式）

雨篷、檐前
对方彩色镀锌钢板涂料厚0.4

145

1层地面 + 2305　40 35

▼ 1层地面 + 2305

沥青防水
卷材 940号

封檐板33×96

拉门

600

深色的屋顶材料，一直延伸到前檐向下弯折，强调水平线

雨篷从墙壁悬挑 600 mm 时，只需要 4 个常用于固定结构胶合板的 N75 钉子就能够支撑

A-1 设计、案例说明：向山建筑设计事务所　摄影：藤井浩司（Nacasa & Partners）

A-2 用钢柱支撑

由于结构限制，遇到不能使用悬挑梁的情况，可以尝试本案例中在雨篷边缘处设置钢柱支撑的方法。仅用 1 根细钢柱的话，也不用担心给建筑美观造成影响。

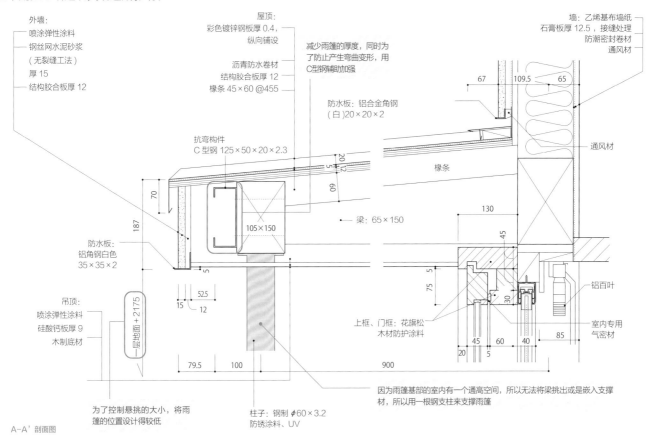

外墙：
喷涂弹性涂料
钢丝网水泥砂浆
（无裂缝工法）
厚 15
结构胶合板厚 12

屋顶：
彩色镀锌钢板厚 0.4，
纵向铺设

沥青防水卷材
结构胶合板厚 12
椽条 45×60 @455

减少雨篷的厚度，同时为了防止产生弯曲变形，用 C 型钢辅助加强

墙：乙烯基布墙纸
石膏板厚 12.5，接缝处理
防潮密封卷材
通风材

防水板：铝合金角钢
（白）20×20×2

抗弯构件
C 型钢 125×50×20×2.3

通风材

105×150

梁：65×150

椽条

防水板：
铝角钢白色
35×35×2

上框、门框：花旗松
木材防护涂料

铝百叶

室内专用
气密材

吊顶：
喷涂弹性涂料
硅酸钙板厚 9
木制底材

一层地面 +2175

因为雨篷基部的室内有一个通高空间，所以无法将梁挑出或是嵌入支撑材，所以用一根钢支柱来支撑雨篷

A-A' 剖面图

为了控制悬挑的大小，将雨篷的位置设计得较低

柱子：钢制 φ60×3.2
防锈涂料、UV

用来支撑的雨篷如果较长的话，根据需要可以加固以防止弯曲。

A-2 设计、案例说明：向山建筑设计事务所　摄影：藤井浩司（Nacasa & Partners）

A-3 嵌入椽条支撑

除了悬挑梁支撑屋檐以外，还有嵌入椽条后，用梁做支撑的方法。与悬挑梁相比，雨篷看上去更薄。

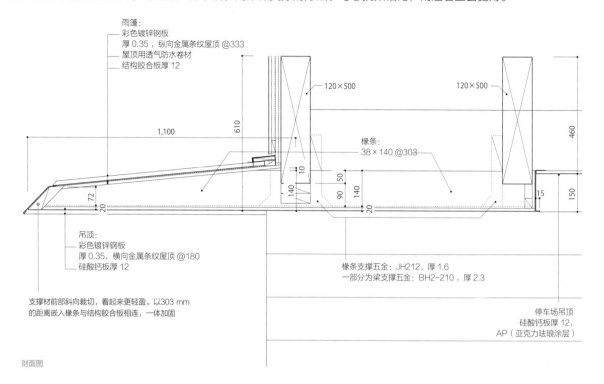

雨篷：
彩色镀锌钢板
厚 0.35，纵向金属条纹屋顶 @333
屋顶用透气防水卷材
结构胶合板厚 12

120×500

120×500

椽条：
38×140 @303

1,100

610

72

20

140

10

50

90

140

20

15

150

460

吊顶：
彩色镀锌钢板
厚 0.35，横向金属条纹屋顶 @180
硅酸钙板厚 12

椽条支撑五金：JH212，厚 1.6
一部分为梁支撑五金：BH2-210，厚 2.3

支撑材前部斜向裁切，看起来更轻盈。以303 mm
的距离嵌入椽条与结构胶合板相连，一体加固

停车场吊顶
硅酸钙板厚 12，
AP（亚克力珐琅涂层）

剖面图

椽条嵌入。与梁接
触的部分用楔子五
金件加强。

A-3 设计、案例说明、摄影：赤沼修设计事务所

A-4 用斜撑支撑椽条

如果设计朝南的大门窗，最好设置雨篷。虽然也有设置独立的支柱来支撑重檐的方法，但用雨篷相对更加经济。如果由于结构或是形式上的限制，不能嵌入椽条，可以尝试像本案例一样，用斜撑支撑椽条。

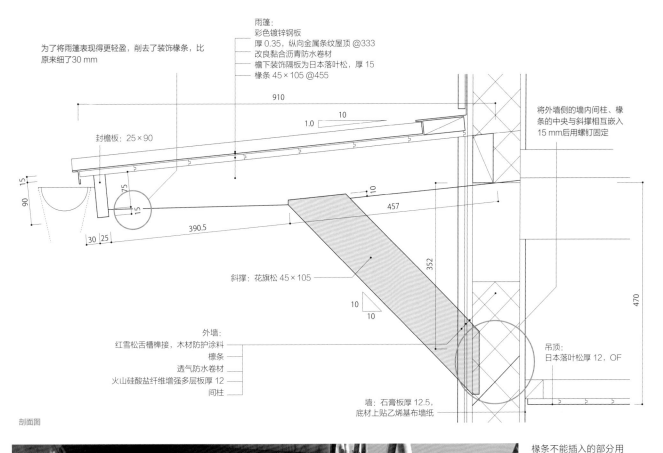

为了将雨篷表现得更轻盈，削去了装饰椽条，比原来细了30 mm

雨篷：
彩色镀锌钢板
厚 0.35，纵向金属条纹屋顶 @333
改良黏合沥青防水卷材
檐下装饰隔板为日本落叶松，厚 15
椽条 45×105 @455

将外墙侧的墙内间柱、椽条的中央与斜撑相互嵌入15 mm后用螺钉固定

封檐板：25×90

910

10

1.0

10

15

90

75

15

30 25

390.5

457

10

352

470

斜撑：花旗松 45×105

10
10

外墙：
红雪松舌槽榫接，木材防护涂料
椽条
透气防水卷材
火山硅酸盐纤维增强多层板厚 12
间柱

吊顶：
日本落叶松厚 12，OF

墙：石膏板厚 12.5，
底材上贴乙烯基布墙纸

剖面图

椽条不能插入的部分用斜撑支撑椽条。同檐下的装饰隔板一样暴露在外，产生结构的韵律。

A-4 设计、案例说明、摄影：赤沼修设计事务所

如何漂亮地表现大屋檐的檐口？

A-1 用桁架支撑大屋檐

通常情况下，实现 1.5 m 的跨度，椽条大小为 45 mm× 105 mm 就够了。如果设计超过 1.5 m 的屋檐，则需悬挑出 45 mm× 180 mm 左右大小的椽条，否则恐怕难以长期保证檐端的水平刚性。但是这种情况下，不单单是悬挑的部分，椽条的高度也必须增加到 180 mm，成品率较低。

因此，常用尺寸的椽条和吊顶肋木所构成的桁架，可以实现构造上的安定且大悬挑的屋檐。

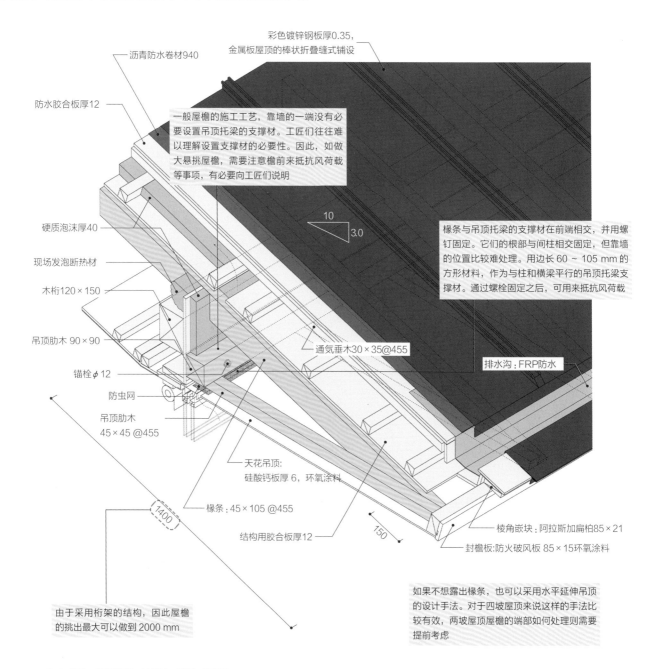

彩色镀锌钢板厚0.35，
金属板屋顶的棒状折叠缝式铺设

沥青防水卷材940

防水胶合板厚12

一般屋檐的施工工艺，靠墙的一端没有必
要设置吊顶托梁的支撑材。工匠们往往难
以理解设置支撑材的必要性。因此，如做
大悬挑屋檐，需要注意檐前来抵抗风荷载
等事项，有必要向工匠们说明

硬质泡沫厚40

现场发泡断热材

木桁120×150

吊顶肋木 90×90

锚栓 φ 12

防虫网

吊顶肋木
45×45 @455

10
3.0

椽条与吊顶托梁的支撑材在前端相交，并用螺
钉固定。它们的根部与间柱相交固定，但靠墙
的位置比较难处理。用边长 60～105 mm 的
方形材料，作为与柱和横梁平行的吊顶托梁支
撑材。通过螺栓固定之后，可用来抵抗风荷载

通气垂木30×35@455

排水沟：FRP防水

天花吊顶：
硅酸钙板厚6，环氧涂料

椽条：45×105 @455

结构用胶合板厚12

1400

150

棱角嵌块：阿拉斯加扁柏85×21

封檐板：防火破风板 85×15环氧涂料

由于采用桁架的结构，因此屋檐
的挑出最大可以做到 2000 mm

如果不想露出椽条，也可以采用水平延伸吊顶
的设计手法。对于四坡屋顶来说这样的手法比
较有效，两坡屋顶屋檐的端部如何处理则需要
提前考虑

A-1 设计、案例说明：结设计 摄影：齐部功

A-2 采用复合梁，控制造价的同时实现檐下大空间

如果想将作为半室外空间的檐下部分设计成一个大空间，则需要大幅度挑出屋檐，如果是单坡屋顶的话，长椽条的数量便会增多，会对造价产生很大的影响。因此这个住宅案例采用

屋顶斜梁，缩短从外墙悬挑出的梁的长度，同时室内一侧用2根构件将梁夹住之后全部连接起来。这样不仅实现了檐下的大空间，同时还控制了费用。

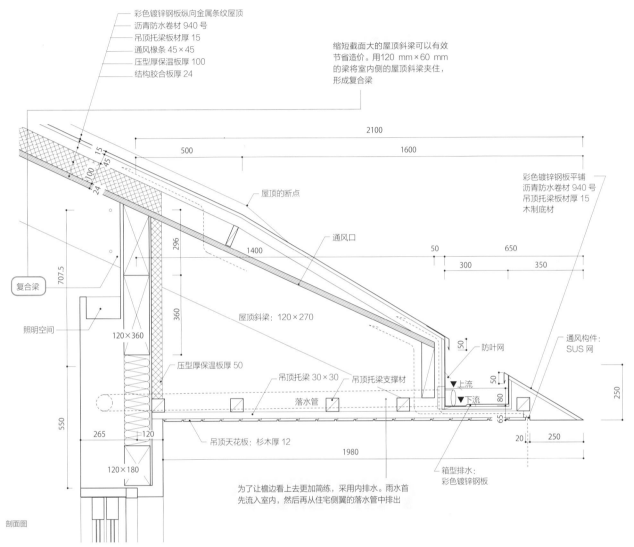

彩色镀锌钢板纵向金属条纹屋顶
沥青防水卷材 940 号
吊顶托梁板材厚 15
通风椽条 45×45
压型厚保温板厚 100
结构胶合板厚 24

缩短截面大的屋顶斜梁可以有效节省造价。用120 mm×60 mm的梁将室内侧的屋顶斜梁夹住，形成复合梁

2100

500   1600

15
45
100
24

屋顶的断点

通风口

彩色镀锌钢板平铺
沥青防水卷材 940 号
吊顶托梁板材厚 15
木制底材

296

1400

复合梁

707.5

50   350

300   350

照明空间

360

屋顶斜梁：120×270

50   防叶网

通风构件：SUS 网

120×360

压型厚保温板厚 50

吊顶托梁 30×30   吊顶托梁支撑材

落水管

上流
下流

50
80

250

550

265   120

吊顶天花板：杉木厚 12

1980

20   250

65

120×180

为了让檐边看上去更加简练，采用内排水。雨水首先流入室内，然后再从住宅侧翼的落水管中排出

箱型排水：
彩色镀锌钢板

剖面图

在这个有菜园的住宅里，客户想要一个用于农业劳作的大屋檐空间。

两块材料将悬挑梁夹在一起，形成复合梁。

A-2 设计、案例说明、摄影：KUS 一级建筑师事务所   照片（左）：浅川敏

如何连接室内外天花吊顶，加强空间整体感？

A-1 将窗帘导轨嵌入天花板

将室内外的吊顶做平齐处理会增强空间的整体感，内部空间也会更宽敞。因为不会有顶壁产生的阴影，室内也会变得更加明亮。

在下图住宅中，面向2楼LDK的阳台开口部由一扇2700 mm宽的封闭窗和900 mm宽的拉门构成。没有设置独立的雨篷，而是将平屋顶的一部分悬挑。拉门框直接定在上方的梁上，不需要特别做顶壁。室内外吊顶平齐处理之后，贴上烟熏竹加以装饰。

垫材的高增大的话，天花吊顶内部的空间也会变大，因此将挑出的那一侧的梁下端部分切除，然后将梁的高控制在210 mm

将平屋顶挑悬部分作为阳台的雨篷。悬挑梁搁在与之垂直的木桁之上。上层需要铺设地面底材，所以在这之间设置垫材以调整高差。垫材和木桁用N75型的钉斜插固定。垫材还可作为结构胶合板的支撑材料

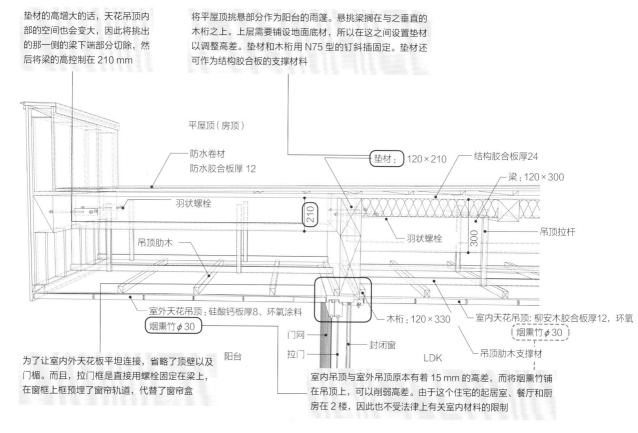

平屋顶（房顶）

防水卷材
防水胶合板厚12

垫材：120×210

结构胶合板厚24

梁：120×300

羽状螺栓

210

吊顶肋木

羽状螺栓

300

吊顶拉杆

室外天花吊顶：硅酸钙板厚8，环氧涂料

烟熏竹φ30

门网

拉门

木桁：120×330

封闭窗

LDK

室内天花吊顶：柳安木胶合板厚12，环氧

烟熏竹φ30

吊顶肋木支撑材

阳台

为了让室内外天花板平坦连接，省略了顶壁以及门楣。而且，拉门框是直接用螺栓固定在梁上，在窗框上框预埋了窗帘轨道，代替了窗帘盒

室内吊顶与室外吊顶原本有着15 mm的高差，而将烟熏竹铺在吊顶上，可以削弱高差。由于这个住宅的起居室、餐厅和厨房在2楼，因此也不受法律上有关室内材料的限制

从2楼起居室的窗口向外观望。拉门框选择与天花板相近的颜色，使空间的整体感更加强烈。

A-1 设计、案例说明、摄影：根来宏典建筑事务所　摄影：上田宏

A-2 用钢制吊件承重，将拉门框做薄

下图为天花板从室内客厅一直延伸到室外庭院的案例。5.2 m 的开间，开口部下方设置入墙式推拉门，上方则是由 3 块玻璃组成的封闭窗口，提高内部和外部的统一性。为了把阻碍视线的拉门框设计得更薄，选择 U 型钢与木材一体的拉门框，并将其隐藏在吊顶内部，与屋顶斜梁的铁质吊挂材料固定。封闭窗的上框也隐藏于吊顶之内。统一 T 型钢吊挂材与小方材的宽度，削减其存在感。

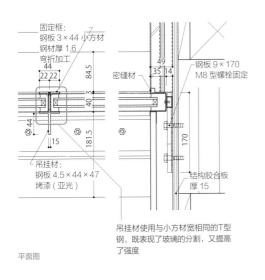

固定框：
钢板 3×44 小方材
钢材厚 1.6
弯折加工

钢板 9×170
M8 型螺栓固定

密缝材

吊挂材：
钢板 4.5×44×47
烤漆（亚光）

结构胶合板
厚 15

吊挂材使用与小方材宽相同的 T 型钢，既表现了玻璃的分割，又提高了强度。

平面图

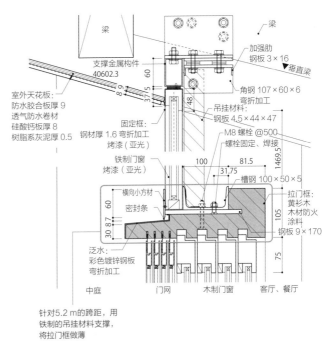

梁

梁

支撑金属构件
40602.3

加强肋
钢板 3×16
垂直梁

角钢 107×60×6
弯折加工

吊挂材料：
钢板 4.5×44×47
烤漆（亚光）

M8 螺栓 @500
螺栓固定、焊接

槽钢 100×50×5

拉门框
黄衫木
木材防火涂料
钢板 9×170

室外天花板：
防水胶合板厚 9
透气防水卷材
硅酸钙板厚 8
树脂系灰泥厚 0.5

固定框：
钢材厚 1.6 弯折加工
烤漆（亚光）

铁制门窗
烤漆（亚光）

横向小方材
密封条

泛水：
彩色镀锌钢板
弯折加工

中庭

门网

木制门窗

客厅、餐厅

针对 5.2 m 的跨距，用铁制的吊挂材料支撑，将拉门框做薄

剖面图

从客厅向中庭望去。极力削减多余的线元素，加强室内外的整体感。

A-2 设计、案例说明、摄影：石井秀树建筑设计事务所　摄影：鸟村钢一

A-3 连接室内外天花板吊顶，表现轻薄的坡屋顶檐口

下图为用板材连接室内外吊顶的案例。消除单坡屋顶的吊顶内部空间，从而呈现出一个轻薄的屋顶檐边。将梁搭在横木上，做悬挑屋檐时，为隐藏横木需要设置顶壁，从而会破坏空间的连续性。因此，将梁一直延伸到木桁，木桁前端则选用别的材料并进行找坡处理，并作为木桁悬挑的基点。此外，为了统一屋顶和吊顶的坡度，选用了五金件和黏合剂并用的施工工艺。

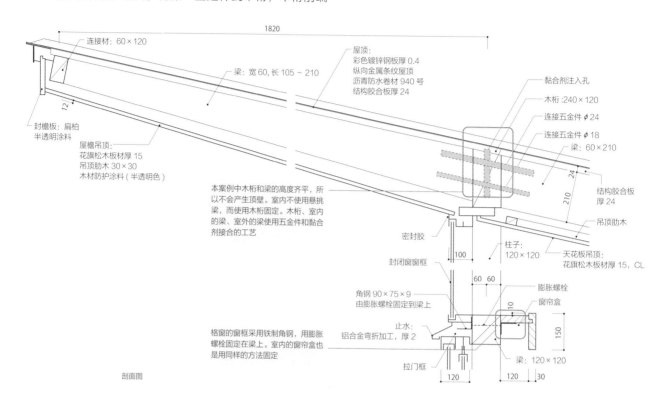

1820

连接材：60×120

梁：宽60，长105～210

屋顶：
彩色镀锌钢板厚 0.4
纵向金属条纹板顶
沥青防水卷材 940 号
结构胶合板厚 24

黏合剂注入孔

木桁：240×120

连接五金件 φ24

连接五金件 φ18

梁：60×210

12

封檐板：扁柏
半透明涂料

屋檐吊顶：
花旗松木板材厚 15
吊顶肋木 30×30
木材防护涂料（半透明色）

24

210

结构胶合板
厚 24

吊顶肋木

本案例中木桁和梁的高度齐平，所以不会产生顶壁。室内不使用悬挑梁，而使用木桁固定。木桁、室内的梁、室外的梁使用五金件和黏合剂接合的工艺

密封胶

100

天花板吊顶：
花旗松木板材厚 15，CL

柱子：
120×120

封闭窗窗框

60 60

膨胀螺栓

角钢 90×75×9
由膨胀螺栓固定到梁上

止水：
铝合金弯折加工，厚 2

10

窗帘盒

150

格窗的窗框采用铁制角钢，用膨胀螺栓固定在梁上。室内的窗帘盒也是用同样的方法固定

拉门框

梁：120×120

剖面图

120

120 30

高原上的平房住宅，屋檐悬挑出约 1.8 m。

A-3 设计、案例说明：神成建筑计划事务所 摄影：筱泽裕

如何利用坡屋顶的内部空间？

A-1 日式桁架与斜梁组合，改变屋顶坡度

在下图案例中，为满足建筑高度斜线的规范，消除建筑高度带来的压迫感，达到简洁的外观效果，采用了单坡形式。设计者想利用单坡屋顶的高度变化，使室内空间富有韵律感。所以，天花板较高的一侧用来储物，而较低的一侧采用屋顶斜梁，去掉短柱与小屋梁，从而消除压迫感。

由此，呈现出富有变化的单坡屋顶。此外，屋顶内部一部分是用作通高空间，所以隐藏斜撑，达到更加简洁的效果。

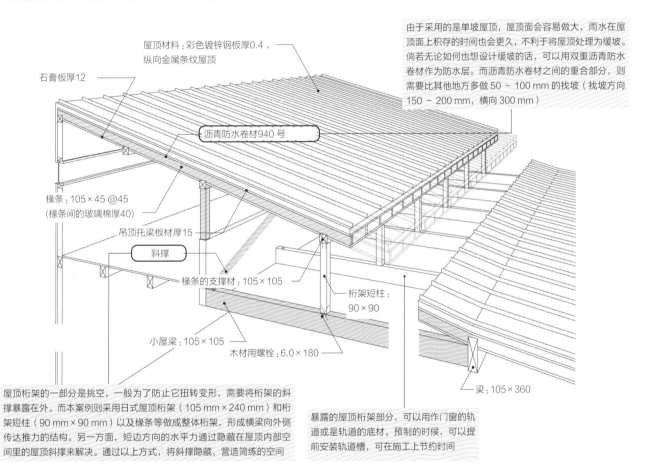

由于采用的是单坡屋顶，屋顶面会容易做大，雨水在屋顶面上积存的时间也会更久，不利于将屋顶处理为缓坡。倘若无论如何也想设计缓坡的话，可以用双重沥青防水卷材作为防水层。而沥青防水卷材之间的重合部分，则需要比其他地方多做 50～100 mm 的找坡（找坡方向 150～200 mm，横向 300 mm）

屋顶材料：彩色镀锌钢板厚0.4，纵向金属条纹屋顶

石膏板厚12

沥青防水卷材940 号

椽条：105×45 @45（椽条间的玻璃棉厚40）

吊顶托梁板材厚15

斜撑

椽条的支撑材：105×105

桁架短柱：90×90

小屋梁：105×105

木材用螺栓：6.0×180

梁：105×360

屋顶桁架的一部分是挑空，一般为了防止它扭转变形，需要将桁架的斜撑暴露在外。而本案例则采用日式屋顶桁架（105 mm×240 mm）和桁架短柱（90 mm×90 mm）以及椽条等做成整体桁架，形成横梁向外侧传达推力的结构。另一方面，短边方向的水平力通过隐藏在屋顶内部空间里的屋顶斜撑来解决。通过以上方式，将斜撑隐藏，营造简练的空间

暴露的屋顶桁架部分，可以用作门窗的轨道或是轨道的底材。预制的时候，可以提前安装轨道槽，可在施工上节约时间

左：2楼起居室、餐厅、厨房。照明装在桁架上。
右：建筑外观，屋顶斜梁的部分以及桁架部分使得屋顶的坡度更富于变化。

A-1 设计、案例说明、摄影：充综合计划一级建筑师事务所

A-2 两根屋顶斜梁组成单坡屋顶

下图案例选择消除短柱以及椽条的支撑材，用斜梁来构成单坡屋顶。通过消除吊顶内部的空间，为室内争取更多的层高，实现室内大空间。

屋顶坡度设计依据北侧的建筑法规高度限制。如果采用单一坡度，屋顶顶部过高。因此选择在屋顶的中间位置设置较缓的坡度。坡屋顶的弯折部分是由屋顶斜梁将横梁夹住并连接的，因此形成一个由两根坡度不同的屋顶斜梁所构成的屋顶。

①坡度没有变化

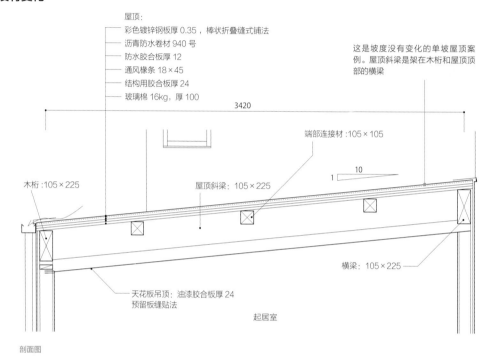

屋顶：
- 彩色镀锌钢板厚 0.35，棒状折叠缝式铺法
- 沥青防水卷材 940 号
- 防水胶合板厚 12
- 通风椽条 18×45
- 结构用胶合板 24
- 玻璃棉 16kg，厚 100

3420

端部连接材：105×105

这是坡度没有变化的单坡屋顶案例。屋顶斜梁是架在木桁和屋顶顶部的横梁

木桁：105×225

屋顶斜梁：105×225

1 10

横梁：105×225

天花板吊顶：油漆胶合板厚 24
预留板缝贴法

起居室

剖面图

②坡度有变化

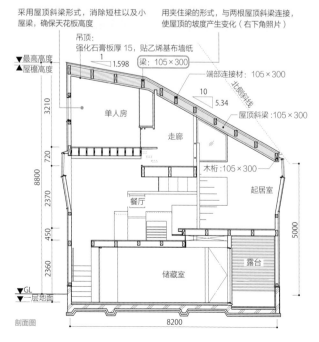

采用屋顶斜梁形式，消除短柱以及小屋梁，确保天花板高度

用夹住梁的形式，与两根屋顶斜梁连接，使屋顶的坡度产生变化（右下角照片）

吊顶：
强化石膏板厚 15，贴乙烯基布墙纸

梁：105×300

1 1.598

端部连接材：105×300

北侧斜线

10 5.34

屋顶斜梁：105×300

木桁：105×300

▼最高高度
▲屋檐高度

3210

单人房

走廊

起居室

8800

720

2370

450

2360

餐厅

储藏室

露台

5000

▼GL
▼一层地面

8200

剖面图

屋顶弯折部分。两根斜梁夹柱垂直的梁。

A-2 设计、案例说明、摄影：河野有悟建筑计划室

A-3 由复合梁构成的单坡屋顶

与前一个案例相同，下图也是屋顶坡度有变化的住宅。将两根材料构件（60 mm×270 mm）通过冲头夹住屋顶斜梁（120 mm×270 mm）从而形成复合梁。去掉屋顶内部的空间，减少长边截面的材料，控制成本。

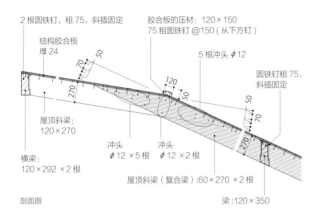

剖面图

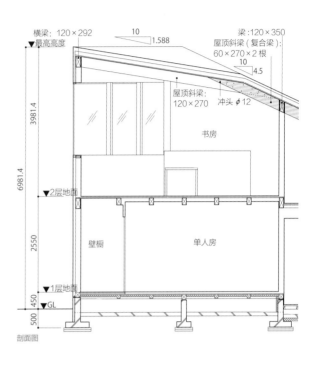

剖面图

由复合梁所形成的吊顶，即使不需要设置与其正交的横梁（连接材）也可以达到改变坡度的目的。由于是将结构暴露在外的吊顶形式，所以要尽量削减多余的线元素，以增强美感。

A-3 设计、案例说明：KUS 一级建筑师事务所 摄影：浅川敏

如何设计既安全又漂亮的平屋顶？

A-1 隐藏落水管和止水的方法

虽然木结构建筑的屋顶基本上都是坡屋顶，但如果有要做箱状外观或确保室内吊顶高度的需求，也有很多平屋顶的案例。这种情况下，女儿墙的设计需要遵守住宅瑕疵担保责任保险的设计及施工标准中规定的做法。通常设计者还想让屋顶看上去尽量简洁。下图住宅从内侧将外墙的通风抽出，女儿墙顶部的止水的宽度控制在 35 mm，使得外观更加简洁。

雨水由横向排水管以及落水管排出，落水管设置在建筑立面中不显眼的位置。

为了防止由风所引起的雨水入侵，希望尽可能地降低横木的止水位置。在此，通过从内侧设置通风层，将外墙的止水宽度控制到 35 mm，同时还将内侧的止水降低到 60 mm

通风层一直延续到女儿墙的内侧，因此横木的下方采用附加防虫网的通风檩条

因为是上人屋顶，因此采用了比 FRP 防水更适合步行的防水卷材

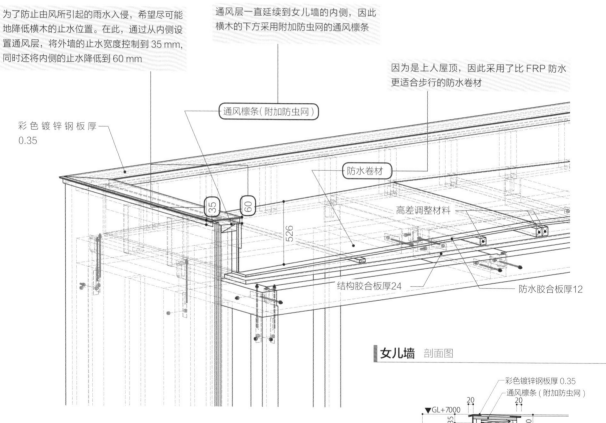

彩色镀锌钢板厚 0.35

通风檩条（附加防虫网）

防水卷材

高差调整材料

结构胶合板厚24

防水胶合板厚12

女儿墙 剖面图

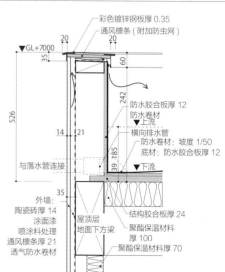

彩色镀锌钢板厚 0.35
通风檩条（附加防虫网）

▼GL+7000

防水胶合板厚 12
防水卷材
横向排水管
防水卷材：坡度 1/50
底材：防水胶合板厚 12

与落水管连接

外墙
陶瓷砖厚 14
涂面漆
喷涂料处理
通风檩条厚 21
透气防水卷材

屋顶层
地面下方梁

结构胶合板厚 24
聚酯保温材料厚 100
聚酯保温材料厚 70

在屋顶上望赤城山。从屋顶上可以进出照片右方的塔楼。

A-1 设计、案例说明：根来宏典建筑研究所　摄影：上田宏

A-2 缓坡的金属屋顶表现成平屋顶

这是一个由两个高度不同的房间在南北方向上连接的案例。平房的屋顶材料是金属板材，又用厂家成品规格的草坪来铺设屋顶。屋顶的东西方向设置了一定的坡度，但因为设置了女儿墙，所以从外观上取得了与平屋顶一样的效果。

平面图

盥洗更衣室、厕所 浴室
草坪屋顶
门厅
主卧
自由空间
单人房1 单人房2

3640
7825
4185
5190
7095
12 285

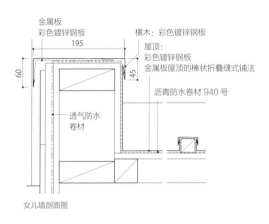

女儿墙剖面图

金属板
彩色镀锌钢板
195

横木：彩色镀锌钢板

屋顶：
彩色镀锌钢板
金属板屋顶的棒状折叠缝式铺法

45

沥青防水卷材 940 号

60

透气防水卷材

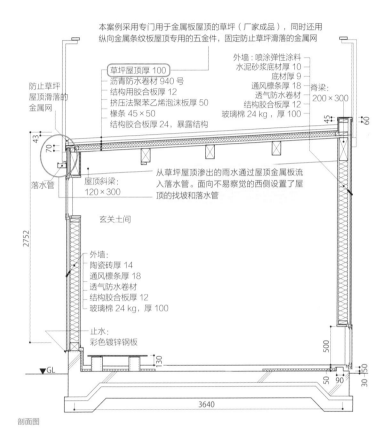

剖面图

本案例采用专门用于金属板屋顶的草坪（厂家成品），同时还用纵向金属条纹板屋顶专用的五金件，固定防止草坪滑落的金属网

草坪屋顶厚 100
沥青防水卷材 940 号
结构用胶合板厚 12
挤压法聚苯乙烯泡沫板厚 50
椽条 45×50
结构胶合板厚 24，暴露结构

外墙：喷涂弹性涂料
水泥砂浆底材厚 10
底材厚 9
通风樘条厚 18
结构防水卷材
玻璃棉 24 kg，厚 100

脊梁：
200×300

45
60

防止草坪屋顶滑落的金属网

落水管

43
70

屋顶斜梁：
120×300

从草坪屋顶渗出的雨水通过屋顶金属板流入落水管。面向不易察觉的西侧设置了屋顶的找坡和落水管

2752

玄关土间

外墙：
陶瓷砖厚 14
通风樘条厚 18
透气防水卷材
结构胶合板厚 12
玻璃棉 24 kg，厚 100

止水：
彩色镀锌钢板

▼GL

130

500

50
90

30 50

3640

左：通过设置女儿墙让屋顶看上去与平屋顶无异。从 2 楼的供水场所可以直接来到草坪屋顶晾晒衣服。
右：从门厅向草坪屋顶望去。草坪屋顶下方是与普通金属屋顶相同的细部设计。

A-2 设计、案例说明：万宝 摄影：平刚

各房间及门窗
楼梯
浴室
玄关
阳台和露台
屋顶、雨篷、屋檐吊顶
建筑的形状

109

如何既简便又安全地做好屋顶通风？

A 采用成品通风构件，保证屋顶安全

如果想将重檐下的空间作为室内空间的话，必须确保屋顶内的通风。

本案例中，找坡上流的挡雨板上方设置了通风构件，以确保重檐的屋顶通风。这与坡屋顶采用相同的细部设计，简单地确保了通风。

设置通风构件时，屋顶油纸需要分开处理。这样虽然无法满足住宅瑕疵担保责任保险的设计施工标准中所规定的高度（大于250 mm），但可以参考本案例，将重檐的屋顶油纸上部设置的成品通风构件重叠的话，便可以不需要遵循这个标准。

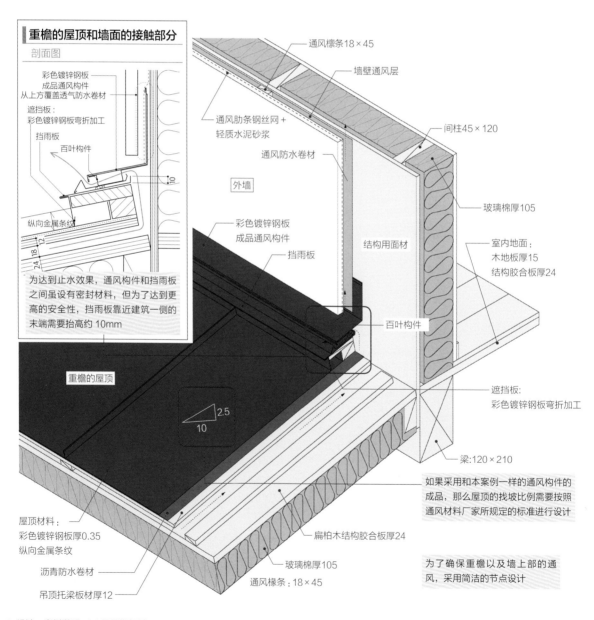

重檐的屋顶和墙面的接触部分

剖面图

彩色镀锌钢板
成品通风构件
从上方覆盖透气防水卷材

遮挡板：
彩色镀锌钢板弯折加工

挡雨板

百叶构件

纵向金属条纹

为达到止水效果，通风构件和挡雨板之间虽设有密封材料，但为了达到更高的安全性，挡雨板靠近建筑一侧的末端需要抬高约10mm

重檐的屋顶

屋顶材料：
彩色镀锌钢板厚0.35
纵向金属条纹

沥青防水卷材

吊顶托梁板材厚12

通风檩条18×45

墙壁通风层

通风肋条钢丝网+
轻质水泥砂浆

通风防水卷材

外墙

彩色镀锌钢板
成品通风构件

挡雨板

结构用面材

百叶构件

间柱45×120

玻璃棉厚105

室内地面：
木地板厚15
结构胶合板厚24

遮挡板：
彩色镀锌钢板弯折加工

梁：120×210

如果采用和本案例一样的通风构件的成品，那么屋顶的找坡比例需要按照通风材料厂家所规定的标准进行设计

扁柏木结构胶合板24

玻璃棉厚105

通风椽条：18×45

为了确保重檐以及墙上部的通风，采用简洁的节点设计

A 设计、案例说明：i+i 设计事务所

如何设计既轻薄又坚固的雨篷？

A 用斜撑杆吊住屋檐，控制檐口厚度

玄关上部屋檐挑出约 1.5 m。用圆钢吊住屋檐，控制其厚度，打造干净简洁的外观。屋檐内部设置斜撑，保持水平刚性。

在屋檐的端部预设支撑材并用六角螺栓固定。采用钢板作为屋顶的材料，为了保证屋檐下天花板的防火性能，采用实木，并且涂上与外部的木材部分相同的黑色防护涂料。

考虑到有雨水侵入屋檐的可能性，在屋檐的天花板设有 2 处排水、通风两用的孔。

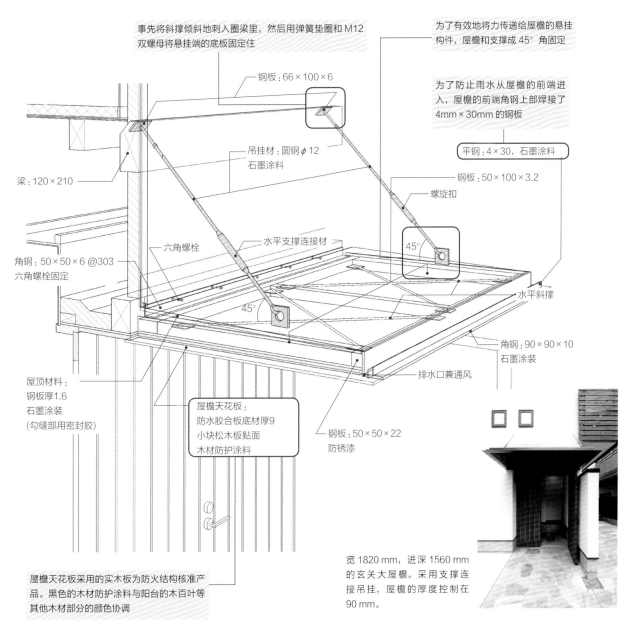

事先将斜撑倾斜地刺入圈梁里，然后用弹簧垫圈和 M12 双螺母将悬挂端的底板固定住

钢板：66×100×6

吊挂材：圆钢 φ12 石墨涂料

梁：120×210

角钢：50×50×6 @303 六角螺栓固定

六角螺栓

水平支撑连接材

45°

屋顶材料：钢板厚1.6 石墨涂装（勾缝部用密封胶）

屋檐天花板：防水胶合板底材厚9 小块松木板贴面 木材防护涂料

钢板：50×50×22 防锈漆

为了有效地将力传递给屋檐的悬挂构件，屋檐和支撑成 45° 角固定

为了防止雨水从屋檐的前端进入，屋檐的前端角钢上部焊接了 4mm×30mm 的钢板

平钢：4×30，石墨涂料

钢板：50×100×3.2

螺旋扣

45°

水平斜撑

角钢：90×90×10 石墨涂装

排水口兼通风

屋檐天花板采用的实木板为防火结构核准产品。黑色的木材防护涂料与阳台的木百叶等其他木材部分的颜色协调

宽 1820 mm，进深 1560 mm 的玄关大屋檐。采用支撑连接吊挂，屋檐的厚度控制在 90 mm。

A 设计、案例说明、摄影：中川龙吾建筑设计事务所

如何整体处理同一材料的屋面和外墙?

A-1 利用保温层的厚度设置天沟

将屋顶材料延伸到外墙,可以在外观上取得更统一的效果。这个狭长的住宅中,只有道路侧的山墙用的是水泥砂浆。其余的墙面和屋顶则全部横向平铺彩色镀锌钢板,如同将房子包裹起来一般。

为了进一步增强外墙和屋顶的统一性,屋顶部分采用外保温。并且利用保温层与通风椽条的厚度设置天沟。

为了防止天沟断开,从外墙一直延续到屋脊,在天沟与吊顶托梁板材之间预留了缝隙。

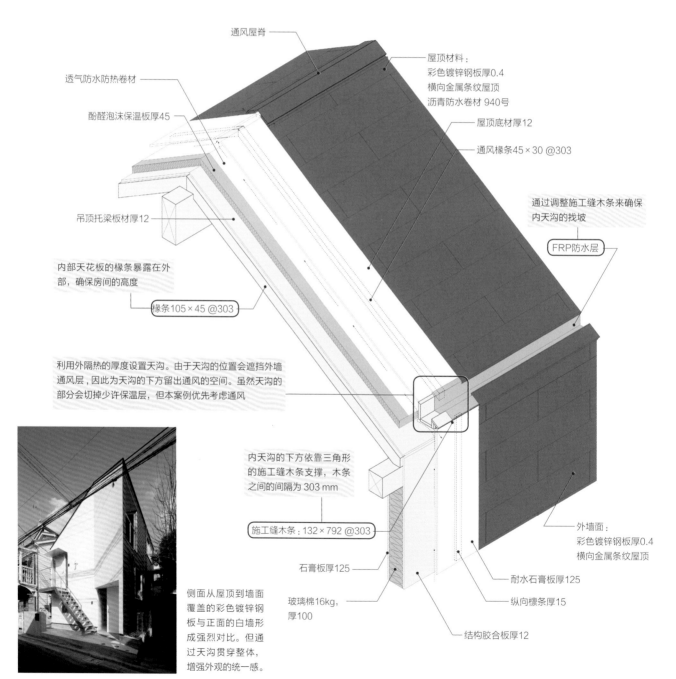

通风屋脊

透气防水防热卷材

酚醛泡沫保温板厚45

吊顶托梁板材厚12

内部天花板的椽条暴露在外部,确保房间的高度

椽条105×45 @303

利用外隔热的厚度设置天沟。由于天沟的位置会遮挡外墙通风层,因此为天沟的下方留出通风的空间。虽然天沟的部分会切掉少许保温层,但本案例优先考虑通风

屋顶材料:
彩色镀锌钢板厚0.4
横向金属条纹屋顶
沥青防水卷材 940号

屋顶底材厚12

通风椽条45×30 @303

通过调整施工缝木条来确保内天沟的找坡

FRP防水层

内天沟的下方依靠三角形的施工缝木条支撑,木条之间的间隔为303 mm

施工缝木条:132×792 @303

石膏板厚125

玻璃棉16kg,厚100

外墙面:
彩色镀锌钢板厚0.4
横向金属条纹屋顶

耐水石膏板厚125

纵向檩条厚15

结构胶合板厚12

侧面从屋顶到墙面覆盖的彩色镀锌钢板与正面的白墙形成强烈对比。但通过天沟贯穿整体,增强外观的统一感。

A-1 设计、案例说明:角仓刚建筑设计事务所 摄影:吉田城

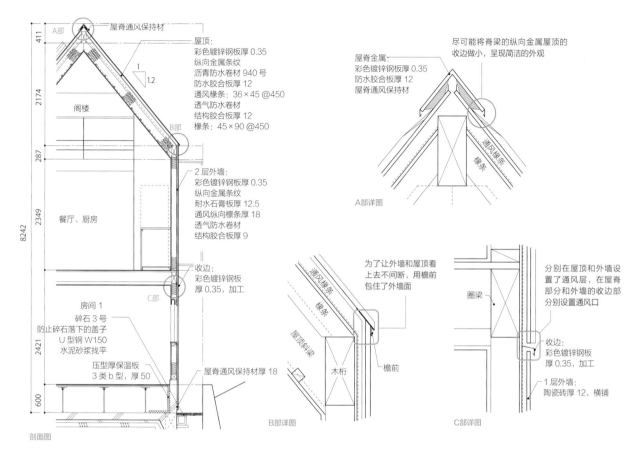

A-2 纵向铺砌屋面表现急坡屋顶的整体感

　　下图住宅建在形状奇特并且狭小的建筑用地上。在建筑高度斜线限制的范围内，为最大限度地保证建筑体量，选择了坡度较急的屋顶。屋顶和2层外墙的界限很模糊，所以全部采用彩色镀锌钢板纵向铺砌，统一外观。

剖面图

411
2174
287
2349
8242
2421
600

A部
屋脊通风保持材

屋顶：
彩色镀锌钢板厚 0.35
纵向金属条纹
沥青防水卷材 940 号
防水胶合板厚 12
通风椽条：36×45 @450
透气防水卷材
结构胶合板厚 12
椽条：45×90 @450

阁楼

B部

餐厅、厨房

2层外墙：
彩色镀锌钢板厚 0.35
纵向金属条纹
耐水石膏板厚 12.5
通风纵向檩条厚 18
透气防水卷材
结构胶合板厚 9

收边：
彩色镀锌钢板
厚 0.35，加工

C部

房间 1
碎石 3 号
防止碎石落下的盖子
U 型钢 W150
水泥砂浆找平

压型厚保温板
3 类 b 型，厚 50

屋脊通风保持材厚 18

尽可能将脊梁的纵向金属屋顶的收边做小，呈现简洁的外观

屋脊金属：
彩色镀锌钢板厚 0.35
防水胶合板厚 12
屋脊通风保持材

通风椽条
椽条

A部详图

为了让外墙和屋顶看上去不间断，用檐前包住了外墙面

通风椽条
椽条
屋顶斜梁
木桁
檐前

B部详图

分别在屋顶和外墙设置了通风层，在屋脊部分和外墙的收边部分别设置通风口

圈梁

收边：
彩色镀锌钢板
厚 0.35，加工

1 层外墙：
陶瓷砖厚 12，横铺

C部详图

　　由于场地的形状和斜线的限制，建筑的形体偏细长。选用颜色较亮的陶瓷砖作为1层的外墙。2层则如同浮在空中一般，呈现出明快的外观。

A-2 设计、案例说明、摄影：水石浩太建筑设计室

A-3 横向铺砌屋面直到止水，打造简洁的外观

下图为一个八角形的建筑物。从屋顶到外墙全部使用彩色镀锌钢板的横向金属条纹进行铺设，从而获得整体统一的效果。

横向铺砌的话，可以利用金属板下端做止水，使止水看起来更加简练。

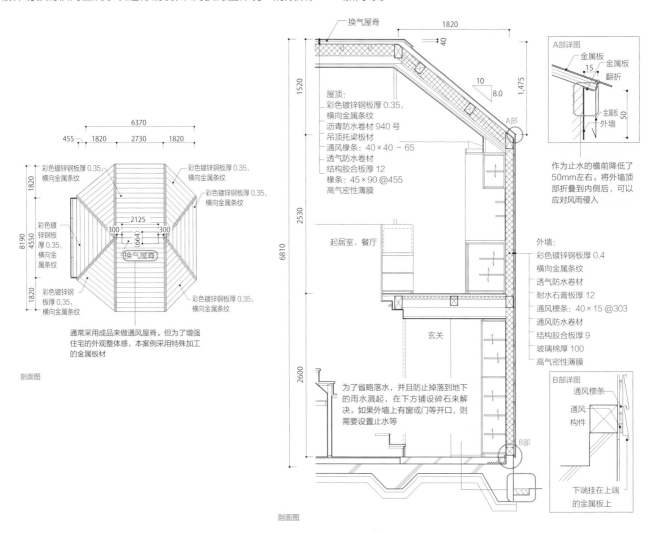

彩色镀锌钢板厚 0.35，横向金属条纹

彩色镀锌钢板厚 0.35，横向金属条纹

彩色镀锌钢板厚 0.35，横向金属条纹

彩色镀锌钢板厚 0.35，横向金属条纹

彩色镀锌钢板厚 0.35，横向金属条纹

彩色镀锌钢板厚 0.35，横向金属条纹

换气屋脊

通常采用成品来做通风屋脊。但为了增强住宅的外观整体感，本案例采用特殊加工的金属板材。

剖面图

换气屋脊

屋顶：
彩色镀锌钢板厚 0.35，
横向金属条纹
沥青防水卷材 940 号
吊顶托梁板材
通风椽条：40×40～65
透气防水卷材
结构胶合板厚 12
椽条：45×90 @455
高气密性薄膜

起居室、餐厅

玄关

为了省略落水，并且防止掉落到地下的雨水溅起，在下方铺设碎石来解决。如果外墙上有窗或门等开口，则需要设置止水等

剖面图

A部

B部

外墙：
彩色镀锌钢板厚 0.4
横向金属条纹
透气防水卷材
耐水石膏板厚 12
通风檩条：40×15 @303
通风防水卷材
结构胶合板厚 9
玻璃棉厚 100
高气密性薄膜

A部详图

金属板
金属板
翻折
金属板
外墙

作为止水的檐前降低了50mm左右。将外墙顶部折叠到内侧后，可以应对风雨侵入

B部详图

通风檩条
通风构件
下端挂在上端的金属板上

外墙的外角部不使用专用于转角部的成品，而是通过弯曲加工金属板材，让转角的部分看上去更加纤细。基础部分的止水最下端使用金属板材进行加工。

A-3 设计、案例说明：RIOTA Design 摄影：新泽一平

第七章

建筑的形状

如何使地板层低于地基？

A-1 将地板层降低到平板地基的底盘位置

如果想要确保地基高度在 300 mm 以上，并且在此之上铺设木造基础，那么在建筑高度斜线限制严格的用地则很难保证上层的层高。因此在这种情况下，将格栅翻到平板地基的底盘上作为木地板的底材，从而省去地板龙骨，保证层高。

但是这样处理，基础的高度将会在室内暴露出来，因此需要设计者严格把控节点设计。在本案例中，木造基础和地基的交界处会预留缝隙。使用乙烯基布墙纸铺设内墙。基础的抬高部分则使用膨胀珍珠岩水泥砂浆。

一层地面 剖面详图

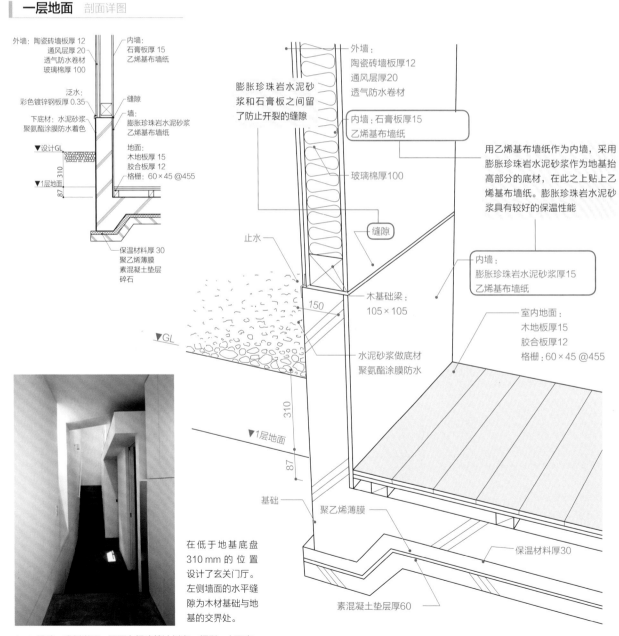

外墙: 陶瓷砖墙板厚 12
通风层厚 20
透气防水卷材
玻璃棉厚 100

泛水:
彩色镀锌钢板厚 0.35

下底材: 水泥砂浆
聚氨酯涂膜防水着色

▼设计GL

内墙:
石膏板厚 15
乙烯基布墙纸

缝隙

墙:
膨胀珍珠岩水泥砂浆
乙烯基布墙纸

地面:
木地板厚 15
胶合板厚 12
格栅: 60×45 @455

▼1层地面

保温材料厚 30
聚乙烯薄膜
素混凝土垫层
碎石

膨胀珍珠岩水泥砂浆和石膏板之间留了防止开裂的缝隙

外墙:
陶瓷砖墙板厚12
通风层厚20
透气防水卷材

内墙:石膏板厚15
乙烯基布墙纸

玻璃棉厚100

缝隙

止水

木基础梁:
105×105

水泥砂浆做底材
聚氨酯涂膜防水

用乙烯基布墙纸作为内墙，采用膨胀珍珠岩水泥砂浆作为地基抬高部分的底材，在此之上贴上乙烯基布墙纸。膨胀珍珠岩水泥砂浆具有较好的保温性能

内墙:
膨胀珍珠岩水泥砂浆厚15
乙烯基布墙纸

室内地面:
木地板厚15
胶合板厚12
格栅: 60×45 @455

150

310

87

▼1层地面

基础

聚乙烯薄膜

保温材料厚30

素混凝土垫层厚60

在低于地基底盘 310 mm 的位置设计了玄关门厅。左侧墙面的水平缝隙为木材基础与地基的交界处。

A-1 设计、案例说明: 河野有悟建筑计划室 摄影: 上田宏

A-2 通过移动地板龙骨和地板底材，尽量降低地板高度

A-1 中由于考虑到地板下的管道空间，以及施工性等因素，将地板降到了平板地基底盘的最下面。这是一种比较复杂的处理方式。在本案例中，将地板龙骨移至木基础梁的旁边，用来支撑作为地板底材的结构胶合板，虽然距离很小，也是一种将地板高度降低的简便方法。

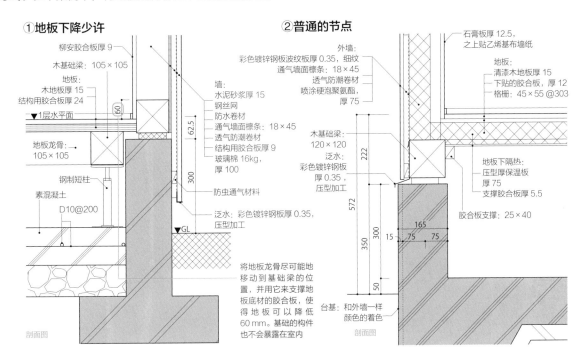

①地板下降少许

- 柳安胶合板厚 9
- 木基础梁：105×105
- 地板：
  - 木地板厚 15
  - 结构用胶合板厚 24
- ▼1层水平面
- 地板龙骨：105×105
- 钢制短柱
- 素混凝土 D10@200

- 墙：
  - 水泥砂浆厚 15
  - 钢丝网
  - 防水卷材
  - 通气墙面檩条：18×45
  - 透气防潮卷材
  - 结构用胶合板厚 9
  - 玻璃棉 16kg，厚 100
- 防虫通气材料
- 泛水：彩色镀锌钢板厚 0.35，压型加工
- ▼GL

将地板龙骨尽可能地移动到基础梁的位置，并用它来支撑地板底材的胶合板，使得地板可以降低 60 mm。基础的构件也不会暴露在室内

剖面图

②普通的节点

- 外墙：
  - 彩色镀锌钢板波纹板厚 0.35，细纹
  - 通气墙面檩条：18×45
  - 透气防潮卷材
  - 喷涂硬泡聚氨酯，厚 75
- 木基础梁：120×120
- 泛水：彩色镀锌钢板厚 0.35，压型加工
- 台基：和外墙一样颜色的着色

- 石膏板厚 12.5，之上贴乙烯基布墙纸
- 地板：
  - 清漆木地板厚 15
  - 下贴的胶合板，厚 12
  - 格栅：45×55 @303
- 地板下隔热：
  - 压型厚保温板厚 75
  - 支撑胶合板厚 5.5
- 胶合板支撑：25×40

剖面图

A-3 将 1 层的地板降低，做成音响室

下图住宅在 1 层设置了音响室。从音响方面考虑，希望天花板的高度尽可能高，但又不想影响楼上的地板高度。于是使用了同样的方法，将音响室的地板降低，再将天花板折上去，最大限度地确保天花板的高度。

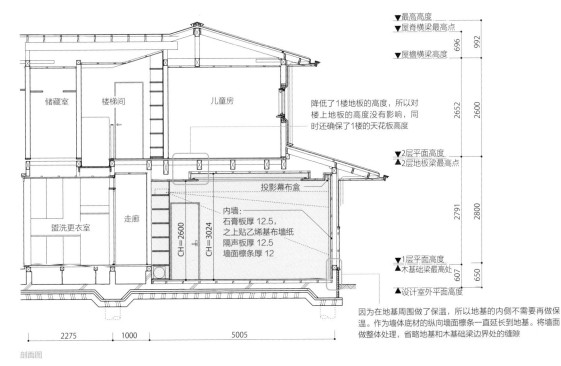

储藏室　楼梯间　儿童房

降低了1楼地板的高度，所以对楼上地板的高度没有影响，同时还确保了1楼的天花板高度

投影幕布盒

盥洗更衣室　走廊

CH=2600　CH=3024

内墙：
石膏板厚 12.5，
之上贴乙烯基布墙纸
隔声板厚 12.5
墙面檩条厚 12

- ▼最高高度
- ▼屋脊横梁最高点
- ▼屋檐横梁高度
- ▼2层平面高度
- ▲2层地板梁最高点
- ▼1层平面高度
- ▲木基础梁最高处
- ▲设计室外平面高度

因为在地基周围做了保温，所以地基的内侧不需要再做保温。作为墙体底材的纵向墙面檩条一直延长到地基。将墙面做整体处理，省略地基和木基础梁边界处的缝隙

2275　1000　5005

剖面图

A-2 设计、案例说明：河野有悟建筑计划室　　A-3 设计、案例说明：结设计

如何利用双坡屋面下的空间？

 将坡屋顶下的中央空间做成阁楼

在设计阁楼时，需要考虑高度的限制、屋顶形状与平面的平衡，再选取合适的位置。此外，屋顶阁楼里容易滞留热气，还需要采取隔热通风措施。

在下图双坡屋顶住宅的案例中，面向起居室、餐厅及厨房的挑空，屋顶内一部分空间做了阁楼。梁与房檐横梁设置在相同高度，并铺上木地板。

在阁楼里做了可开启的天窗，确保随时能够通风。

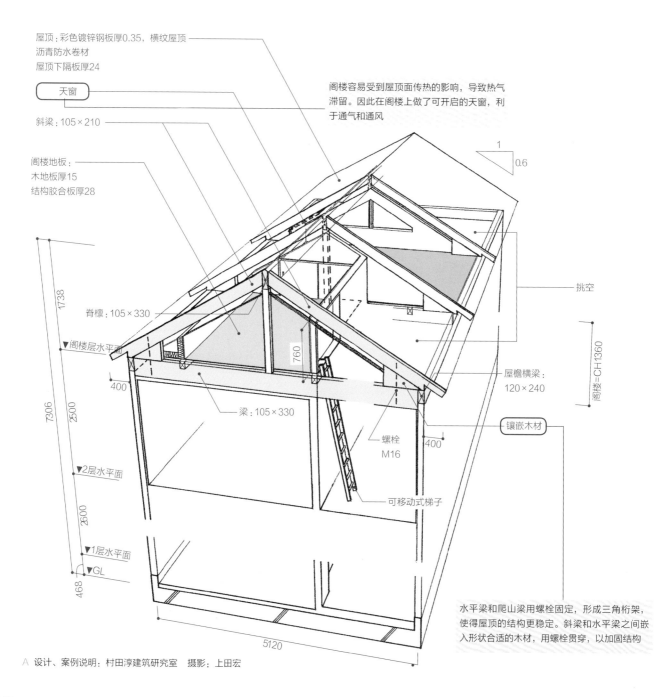

屋顶：彩色镀锌钢板厚0.35，横纹屋顶
沥青防水卷材
屋顶下隔板厚24

天窗

斜梁：105×210

阁楼地板：
木地板厚15
结构胶合板厚28

脊檩：105×330

1738

▼阁楼层水平面

400

7306

2500

760

▼2层水平面

2500

▼1层水平面
▼GL

468

5120

阁楼容易受到屋顶面传热的影响，导致热气滞留。因此在阁楼上做了可开启的天窗，利于通气和通风

1
0.6

挑空

梁：105×330

屋檐横梁：
120×240

螺栓
M16

400

镶嵌木材

可移动式梯子

阁楼＝CH1360

水平梁和爬山梁用螺栓固定，形成三角桁架，使得屋顶的结构更稳定。斜梁和水平梁之间嵌入形状合适的木材，用螺栓贯穿，以加固结构

A 设计、案例说明：村田淳建筑研究室　摄影：上田宏

如何使 2 层悬挑更大、更美观？

用斜撑加固，悬挑更大跨度

下图住宅在 2 层做了一部分悬挑，悬挑距离为 2730 mm，悬挑的下方形成了较大的无柱空间。由于没有柱子，立面给人一种浮在空中的感觉。同时，车辆的出入也变得更加容易。悬挑部分的所有墙壁都用斜撑来加固。端部的接头，接口处则使用五金件加强固定。在悬挑部分的起点，针对受压方向，采用了加宽的柱子（120 mm×300 mm），将悬挑的部分作为一个独立箱体，从上方将其整体吊住。

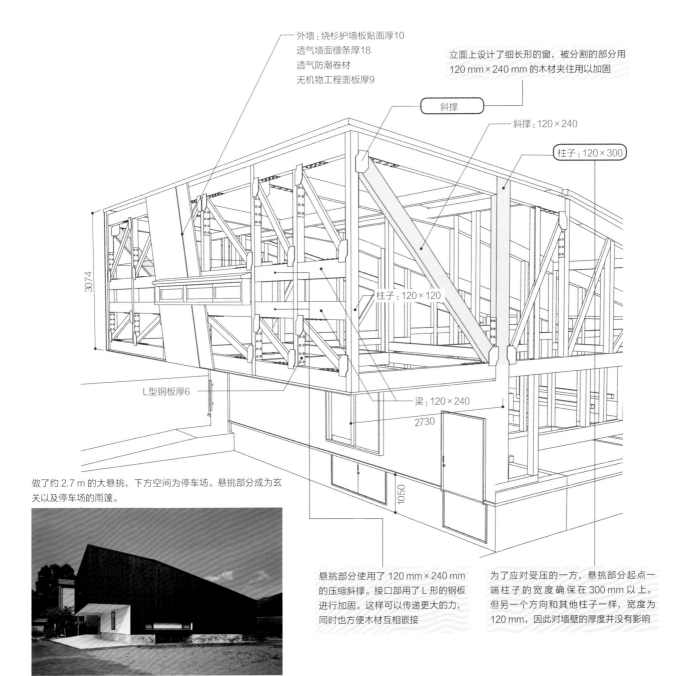

外墙：烧杉护墙板贴面厚10
透气墙面檩条厚18
透气防潮卷材
无机物工程面板厚9

立面上设计了细长形的窗，被分割的部分用 120 mm×240 mm 的木材夹住用以加固

斜撑

斜撑：120×240

柱子：120×300

柱子：120×120

3074

梁：120×240

L型钢板厚6

2730

1050

做了约 2.7 m 的大悬挑，下方空间为停车场。悬挑部分成为玄关以及停车场的雨篷。

悬挑部分使用了 120 mm×240 mm 的压缩斜撑。接口部用了 L 形的钢板进行加固。这样可以传递更大的力，同时也方便木材互相嵌接

为了应对受压的一方，悬挑部分起点一端柱子的宽度确保在 300 mm 以上。但另一个方向和其他柱子一样，宽度为 120 mm，因此对墙壁的厚度并没有影响

A 设计、案例说明：石井秀树建筑设计事务所　摄影：鸟村钢一

如何设计高效的室内车库？

A-1 考虑进出的路线，设计简洁的车库

如何在用地面积有限的情况下确保停车场的大小？在 1 层设置室内停车库是很有效的方法。

但是室内停车库需要较大跨度。然而为了对应停车库的开间，梁的截面高度则会变大，根据情况还需要用钢材加固。下图案例中的停车场，跨度略小于 5.45 m。为应对大跨度，支撑 2 层楼板的两根梁高度增加到 330 mm。

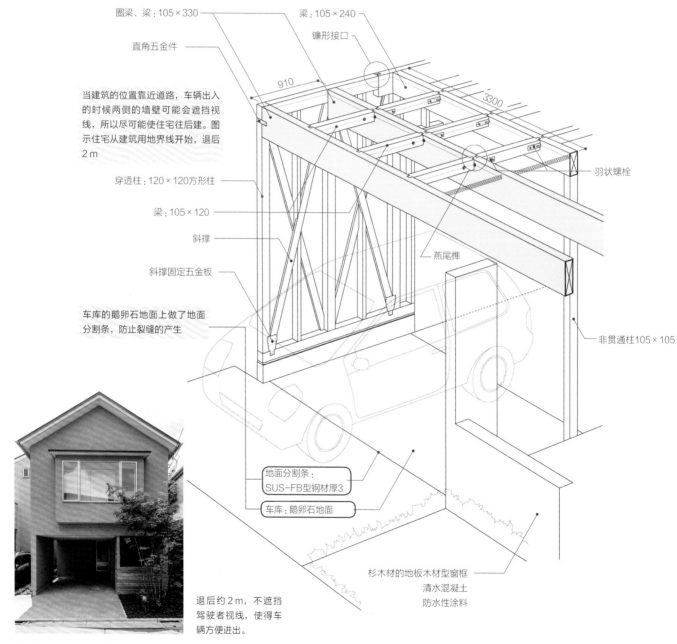

圈梁、梁：105×330

直角五金件

梁：105×240

镰形接口

910

3300

当建筑的位置靠近道路，车辆出入的时候两侧的墙壁可能会遮挡视线，所以尽可能使住宅往后建。图示住宅从建筑用地界线开始，退后 2 m

穿透柱：120×120方形柱

梁：105×120

斜撑

斜撑固定五金板

车库的鹅卵石地面上做了地面分割条，防止裂缝的产生

羽状螺栓

燕尾榫

非贯通柱105×105

地面分割条：
SUS-FB型钢材厚3

车库：鹅卵石地面

杉木材的地板木材型窗框
清水混凝土
防水性涂料

退后约 2 m，不遮挡驾驶者视线，使得车辆方便进出。

A-1 设计、案例说明、摄影：田淳建筑研究室

A-2 在开间狭窄的用地上设计车库的方法

下图为建在狭长用地上的3层住宅。为了确保停车库的大小，将1层的一部分打通。2层的端部仅悬挑出1m用作阳台。阳台的墙壁采用由网格金属板所制的推拉门。因为是露天的，这部分不会被算入建筑面积。为了减弱受力偏心，确保在有限的墙壁中有足够的承重墙，在挑出的阳台前端部设置了双重承重墙。

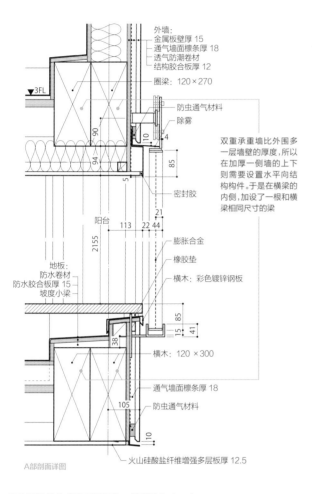

外墙：
金属板壁厚15
通气墙面檩条厚18
透气防潮卷材
结构胶合板厚12

▽3FL

圈梁：120×270

防虫通气材料

除雾

双重承重墙比外围多一层墙壁的厚度，所以在加厚一侧墙的上下则需要设置水平向结构构件。于是在横梁的内侧，加设了一根和横梁相同尺寸的梁

密封胶

阳台

膨胀合金

橡胶垫

地板：
防水胶合板厚15
防水胶合板厚15
坡度小梁

横木：彩色镀锌钢板

横木：120×300

通气墙面檩条厚18

防虫通气材料

A部剖面详图

火山硅酸盐纤维增强多层板厚12.5

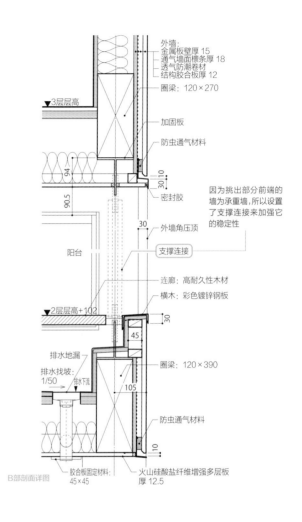

外墙：
金属板壁厚15
通气墙面檩条厚18
透气防潮卷材
结构胶合板厚12

▽3层层高

圈梁：120×270

加固板

防虫通气材料

密封胶

因为挑出部分前端的墙为承重墙，所以设置了支撑连接来加强它的稳定性

外墙角压顶

支撑连接

连廊：高耐久性木材

横木：彩色镀锌钢板

▽2层层高+102

排水地漏

排水找坡
1/50

圈梁：120×390

防虫通气材料

B部剖面详图

胶合板固定材料：
45×45

火山硅酸盐纤维增强多层板厚12.5

在2层悬挑的部分设置阳台。虽然只有1m左右的悬挑，但可以使屋檐下的空间变得宽裕。

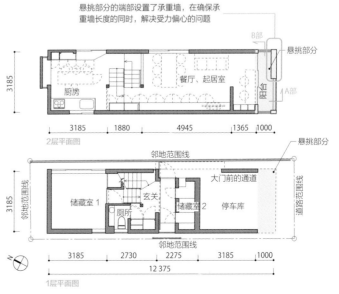

悬挑部分的端部设置了承重墙，在确保承重墙长度的同时，解决受力偏心的问题

B部

悬挑部分

A部

餐厅、起居室

厨房

2层平面图

3185　1880　4945　1365　1000

邻地范围线

悬挑部分

大门前的通道

储藏室1

玄关

储藏室2

停车库

厕所

邻地范围线

3185　2730　2275　3185　1000

12 375

1层平面图

A-2 设计、案例解说：根来宏典建筑研究所　摄影：山田宏

如何使跃层空间更漂亮？

A-1 通过十字斜撑，连接相互错开的楼板

跃层的优点是，可以有效利用基地的高差。而室内形成的高差可以使采光、通风等更利于设计。此外，跃层的设计会带来更强的空间开放感和节奏感。

本案例在建筑的中央做了挑空，围绕挑空，从地下层到2层螺旋式地设置了不同层高的跃层楼板。

这种不同层高的楼板会使楼板的连续性遭到破坏，使水平力无法正确地传力到外部四周的承重墙上。

因此我们用水平支撑连接件将楼板相连，这样可使楼板作为一个整体，有利于结构的计算。水平支撑连接件可以隐藏在楼梯的下方，不会影响跃层的美观。

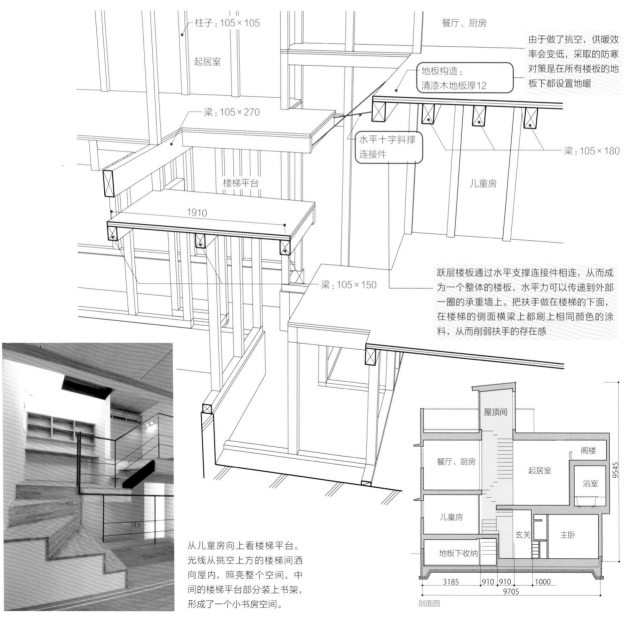

柱子：105×105

起居室

梁：105×270

楼梯平台

1910

梁：105×150

餐厅、厨房

地板构造：
清漆木地板厚12

水平十字斜撑
连接件

梁：105×180

儿童房

由于做了挑空，供暖效率会变低，采取的防寒对策是在所有楼板的地板下都设置地暖

跃层楼板通过水平支撑连接件相连，从而成为一个整体的楼板，水平力可以传递到外部一圈的承重墙上。把扶手做在楼梯的下面，在楼梯的侧面横梁上都刷上相同颜色的涂料，从而削弱扶手的存在感

从儿童房向上看楼梯平台。
光线从挑空上方的楼梯间洒向屋内，照亮整个空间。中间的楼梯平台部分装上书架，形成了一个小书房空间。

屋顶间

餐厅、厨房

起居室

阁楼

浴室

儿童房

玄关

主卧

地板下收纳

9545

3185 910 910 1000
9705

剖面图

A-1 设计、案例解说：河野有悟建筑计划室 摄影：伊藤达也

A-2 使用 2 乘 4 六面体墙壁构造，控制楼板的厚度

由于室内可以看到跃层楼板的顶部，所以要尽量缩短它的宽度。本案例用截面 2×12 规格的木材（38 mm×286 mm）来代替梁，将楼板的厚度控制在 340 mm 之内。

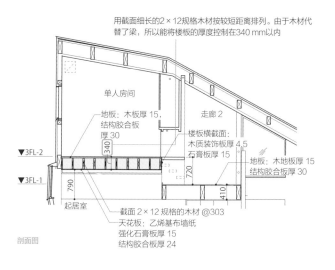

用截面细长的2×12规格木材按较短距离排列。由于木材代替了梁，所以能将楼板的厚度控制在340 mm以内

剖面图

按 303 mm 间隔设置 2×12 规格的木材。

A-3 用钢结构提高木梁强度，让大跨度空间更为简洁

本案例在跃层的楼板端部使用钢梁，实现距离 5.5 m 的跨度。同时还减小了梁截面的宽度。钢梁和木柱通过焊接连接，与其正交的木梁的结合部分则嵌入木材，只有预制工法才能满足这些要求。

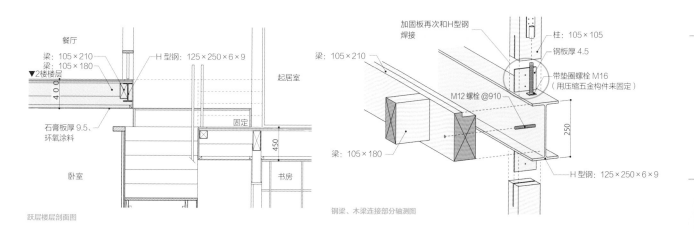

跃层楼层剖面图

钢梁、木梁连接部分轴测图

A-2 设计、案例说明、摄影：河野有悟建筑计划室　　A-3 设计、案例说明：河野有悟建筑计划室

如何在住宅密集区获取充足采光？

在外围做高窗

即便是在住宅比较密集的地区，与相邻住宅的窗口位置错开，并做长条状的窗户，也不用设置遮挡物件。本案例在建筑的 1 层和 2 层外围做了一圈高窗。

如果没有柱子，做出连断的横向的长窗会更漂亮。但

如果一圈都设有高窗，承重墙则会被切断。因此窗户的高度在 306.2 ~ 934.8 mm 之间逐渐变化。1 层的 10 根柱子（120 mm×120 mm）和 2 层的 6 根柱子承受整体的荷载。

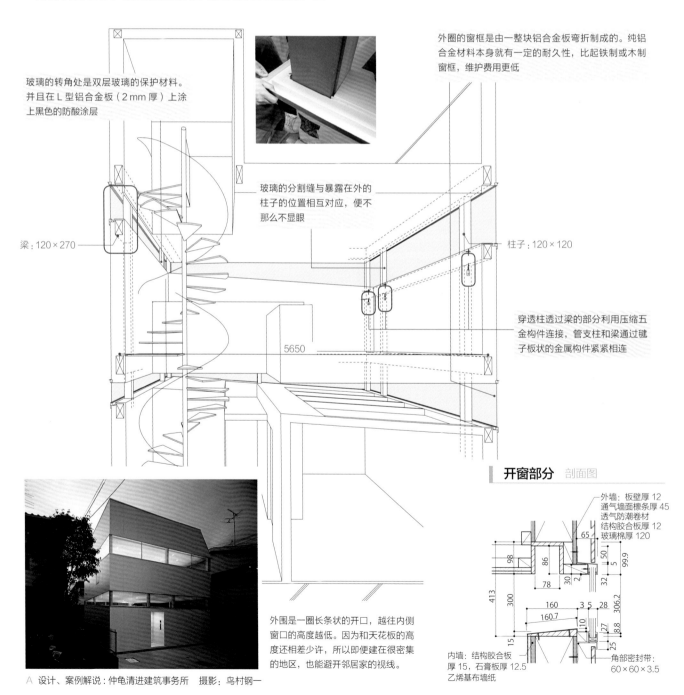

玻璃的转角处是双层玻璃的保护材料。并且在 L 型铝合金板（2 mm 厚）上涂上黑色的防酸涂层

外圈的窗框是由一整块铝合金板弯折制成的。纯铝合金材料本身就有一定的耐久性，比起铁制或木制窗框，维护费用更低

玻璃的分割缝与暴露在外的柱子的位置相互对应，便不那么不显眼

梁：120×270

柱子：120×120

5650

穿透柱透过梁的部分利用压缩五金构件连接，管支柱和梁通过键子板状的金属构件紧紧相连

外围是一圈长条状的开口，越往内侧窗口的高度越低。因为和天花板的高度还相差少许，所以即便建在很密集的地区，也能避开邻居家的视线。

A 设计、案例解说：仲龟清进建筑事务所　摄影：鸟村钢一

开窗部分　剖面图

外墙：板壁厚 12
通气墙面檩条厚 45
透气防潮卷材
结构胶合板厚 12
玻璃棉厚 120

98　86　65　50　5　32　99.9
413　300　30　2　306.2
78　160　3.5　28
160.7　8.8
15　25　27

内墙：结构胶合板厚 15，石膏板厚 12.5
乙烯基布墙纸

角部密封带：60×60×3.5

●建筑师名录

青木保司

a studio *

1963 年出生于日本神奈川县。1986 年毕业于武藏工业大学建筑系。1986—1997 年就职于一色建筑设计事务所。1997 年进入 HIDABITO BUILDING ASSOCIATION INC（西雅图）。回到日本后，2000 年成立 a studio。一级建筑师。

赤沼修

赤沼修设计事务所

1959 年出生于日本东京。1982 年毕业于日本东海大学工学院建筑系。加入林宽治设计事务所之后，于 1994 年成立赤沼修设计事务所。2010 年起担任日本家居协会理事。

秋田宪二

HAK 有限公司

1955 年出生于日本山口县。毕业于芝浦工业大学建筑工程系。1987 年成立秋田宪二建筑设计工作室。2004 年更名为 HAK 有限公司。除了参与设计个人住宅、集合住宅和公共住宅外，还参与医疗中心、诊所等企划以及制定方案直到竣工后的经营管理。田园都市建筑协会会长。

饭家丰

i+i 设计事务所

1966 年出生于日本东京。1990 年毕业于早稻田大学理工学院建筑系。进入城市设计研究所、大高建筑设计事务所之后，于 2004 年成立 i +i 设计事务所。2011 年起兼任法政大学设计工程系讲师。

石井秀树

石井秀树建筑设计事务所

1971 年出生于日本千叶县。1995 毕业于东京理科大学理工学院建筑系。1997 年毕业于东京理科大学研究生院建筑学专业。同年成立 architect team archum。2001 年成立石井秀树建筑设计事务所。2012 年起担任建筑家住宅协会理事。

一条太郎

MAMBO

1967 年出生于日本神奈川县。1995 年获得芝浦理工大学建设工学硕士学位。加入 Coelacanth and Associates 一级建筑师事务所之后，2000 年成为 MAMBO 一级建筑师事务所的合伙人。

一条美贺

MAMBO

1969 年出生于日本爱媛县。1991 年毕业于东京理科大学理工学部建筑学科。加入 Coelacanth and Associates 一级建筑师事务所之后，于 1999 年成立 MAMBO 一级建筑师事务所。

内海彩

KUS 一级建筑师事务所

1970 年出生于日本群马县。1994 年毕业于东京大学工学院建筑系。同年加入山本理显设计事务所。2002 年成立 KUS 一级建筑师事务所。2011 年以来担任 Team Timberize 协会理事。

大岛健二

OCM 一级建筑师事务所

1965 年出生于日本兵库县。1991 年结束神户大学研究生院硕士课程后，进入日建设计工作。1995 年成立事务所。目前领导 OCM 一级建筑师事务所。著有《舒适居家解剖图鉴》（X-Knowledge 出版）等。

冈村裕次

TKO-M.architects

1973 年出生于日本三重县。1997 年毕业于横滨国立大学工学院建筑系。2000 年硕士研究生毕业。2000—2004 年担任多摩美术大学造型表现学部设计系助理。2003 年创立 TKO-M.architects。

神家昭雄

神家昭雄建筑研究室

1953 年出生于日本冈山县。1974 年毕业于明石工业高等专业学校建筑学科。1987 年成立 PLUS 建筑研究所，1994 年更名为神家昭雄建筑研究室。他也是旧宅改造事务所的成员。荣获 2010 年度第十一届 JIA 环境建筑优秀奖等诸多奖项。主要著作有《旧民居改造技术》（合著，住宅图书馆出版社）。目前，兼任武库川女子大学与明石工业高等专业学校的讲师。

神成健

神成建筑计划事务所

1961 年出生于日本宫城县。1984 年毕业于东京理科大学理工学院建筑系。1986 年完成东京理科大学研究生院理工学研究科硕士课程。同年加入日建设计。2007 年成立神成建筑设计事务所。

北川裕记

北川裕记建筑设计

1962 年出生于日本爱知县。1986 年毕业于京都大学工学院建筑系。1989 年完成东京大学研究生院的硕士课程。1989—2000 年在矶崎新工作室工作。2000 年成立北川裕记建筑设计。

河野有悟

河野有悟建筑设计室

1969 年出生于日本东京。毕业于武藏野美术大学建筑系。在早川邦彦建筑研究室、武藏野美术大学工作之后，2002 年成立河野有悟建筑计划室。现任武藏野美术大学、东京电机大学的兼职讲师。荣获 AACA 芦原义信奖、日事连建筑设计奖、Good design 设计奖，入选 JIA 优秀建筑等。

清水加阳子

Sun Drops

1975 年出生于日本东京。1998 年毕业于东京工业大学工学部建筑系。2001 年完成东京工业大学硕士研究生课程。曾就职于设计事务所。2015 年成立 Sun Drops。

杉浦充

充综合计划一级建筑师事务所

1971 年出生于日本千叶县。1994 年毕业于多摩美术大学美术学院建筑系。同年加入 Nakano Corporation（现 Nakano Corporation 建设）。1999 年完成多摩美术大学研究生院硕士课程。同年复职。2002 年成立 JYU ARCHITECT 充综合计划一级建筑师事务所。2010 年担任京都造型艺术大学兼职讲师。此外，还兼任家居协会副理事，建筑家住宅协会监事、事务局长。

角仓刚

角仓刚建筑设计事务所

1966 年出生于日本大阪府。1990 毕业于东京大学工学院建筑系。1992 年东京大学工学系建筑学硕士毕业。1992 年加入日本设计。1994 年加入 APL（Architecture Planning and Landscape design）综合计划事务所。1999 年成立 THT Architects 有限公司。2005 年创立角仓刚建筑设计事务所。2003—2013 年兼任东京电机大学讲师。

关本龙太

RIOTA DESIGN

1971 年出生于日本埼玉县。1994 年从日本大学理工学院建筑系毕业后，在 AD network 建筑研究所工作至 1999 年。2000—2001 年，在芬兰的赫尔辛基理工大学（现阿尔托大学）学习，并在当地的设计事务所设计过多个项目。回国后，成立 RIOTA DESIGN。

田中敏溥

田中敏溥建筑设计事务所

1944 年出生于日本新潟县。1969 年东京艺术大学建筑系毕业。1971 年完成东京艺术大学研究生院的课程。在茂木计一郎手下从事环境规划以及建筑设计相关工作。1977 年成立田中敏溥建筑设计事务所。

仲龟清进

仲龟清进建筑事务所

1965 年出生于日本神奈川县。1989 年毕业于日本大学理工学院建筑系。1990—1992 年就职于近藤春司建筑事务所，1995 年成立仲龟清进建筑事务所。2007—2012 年在日本大学理工学院建筑学兼任讲师。一级建筑师。

中川龙吾

中川龙吾建筑设计事务所

1959 年出生于日本东京。1982 年毕业于日本大学理工学院建筑学系。同年，进入前川国男建筑设计事务所。1987 年进入前川建筑设计事务所。1998 年从前川建筑设计事务所独立，成立中川龙吾建筑设计事务所。

中村高淑

中村高淑建筑设计事务所

1968 年出生于日本东京。1992 年毕业于多摩美术大学美术学院建筑系。在大冈山建筑设计研究所就职之后，1999 年成立中村高淑建筑设计事务所。2015 年起担任日本工学院八王子专业学校兼职讲师。

根来宏典

根来宏典建筑研究所

1972 年出生于日本和歌山县。1995 从日本大学毕业。同年加入古市彻雄都市建筑研究所。2004 年成立根来宏典建筑研究所。2005 完成日本大学研究生院工学博士课程。从 2008 年开始加入家居协会，2010 年任副理事，2012 年起任代表理事。

长谷川顺持

长谷川顺持建筑设计工作室

1962 年出生于日本神奈川县。从武藏工业大学建筑系毕业后到
1995 年为止，在联合设计社跟随吉田桂二学习。2000—2014 年
任东京都市大学讲师。2016 年起任东京 MODE 学园讲师。建筑家
住宅协会理事。

藤原昭夫

结设计

1947 年出生于日本岩手县。 1970 年毕业于芝浦工业大学建筑系。
在木村俊介建筑师事务所、天城建设、丹田空间工作室就职后，1977
年成立结设计。

丸山弹

丸山弹建筑设计事务所

1975 年出生于日本东京。1998 年毕业于成蹊大学。2003 年进入堀
部安嗣建筑设计事务所。2007 年成立丸山弹建筑设计事务所。2007
年起担任京都造型艺术大学兼职讲师。

水石浩太

水石浩太建筑设计室

1973 年出生于日本大阪府。 1997 毕业于横滨国立大学工学院建筑
系建筑学科。 2000 年获得东京艺术大学硕士学位。2000 年进入袴
田喜夫建筑设计室。2003 年共同成立了 TKO-M.architects。2009
年成立水石浩太建筑设计室。

向山博

向山建筑设计事务所

1972 年出生于日本神奈川县。1995 年毕业于东京理科大学工学院建
筑系。在鹿岛建设、Coelacanth and Associates K&H 就职之后，
2003 年成立向山建筑设计事务所。

村田淳

村田淳建筑研究室

1971 年出生于日本东京。1995 年毕业于东京工业大学工学院建
筑系。1997 年，完成东京工业大学建筑学专业硕士课程后，进入
Archivision 工作。2007 年成为村田康夫建筑研究室代表。2009 年
更名为村田淳建筑研究室。任家居协会理事。

图书在版编目（CIP）数据

3D住宅解构图鉴 / 日本X-Knowledge出版社编 ；王
维，李野译. -- 南京 ：江苏凤凰科学技术出版社，
2019.5
　　ISBN 978-7-5713-0213-9

　　Ⅰ．①3　Ⅱ．①日　②王　③李　Ⅲ．①住宅-
建筑设计-图集 Ⅳ．①TU241-64

中国版本图书馆CIP数据核字(2019)第057252号

江苏省版权局著作权合同登记号：10-2019-087

3D MECHANISM PICTORIAL BOOK OF DWELLING
© X-Knowledge Co., Ltd. 2016
Originally published in Japan in 2016 by X-Knowledge Co., Ltd
Chinese (in simplified character only) translation rights arranged with
X-Knowledge Co., Ltd

3D住宅解构图鉴

编　　　者	［日］X-Knowledge出版社
译　　　者	王　维　李　野
项 目 策 划	凤凰空间 / 李雁超
责 任 编 辑	刘屹立　赵　研
特 约 编 辑	李雁超

出 版 发 行	江苏凤凰科学技术出版社
出版社地址	南京市湖南路1号A楼，邮编：210009
出版社网址	http：//www.pspress.cn
总 经 销	天津凤凰空间文化传媒有限公司
总经销网址	http：//www.ifengspace.cn
印　　　刷	天津久佳雅创印刷有限公司

开　　　本	889 mm×1 194 mm　1 / 16
印　　　张	8
版　　　次	2019年5月第1版
印　　　次	2019年5月第1次印刷

标 准 书 号	ISBN 978-7-5713-0213-9
定　　　价	69.80元

图书如有印装质量问题，可随时向销售部调换（电话：022-87893668）。